青少年科技创新丛书

机器人的天空

——基于Arduino的机器人制作

毛 勇 编著

清华大学出版社

北 京

内 容 简 介

机器人是 STEM 教育(即科学、技术、工程学和数学教育)和创新教育的最佳实践平台。然而由于它具有多学科交叉融合的特性,内容难免芜杂,容易使初学的青少年不得其门而入。本书以全球闻名的 Arduino 开源硬件平台作为基础,以 C 语言作为计算机编程语言,用一个个由浅入深的项目将内容组织起来,旨在降缓学习的曲线,使初学者也能在动手动脑中对机器人熟悉起来。在知识内容的选择上,本书并不关注知识的系统性,而是以一种"拿来主义"的实用态度,在涉及项目时,才将必要的知识进行讲授。

本书可作为青少年的自学教材,也可用于机器人的课堂教学。

图书在版编目(CIP)数据

机器人的天空:基于 Arduino 的机器人制作/毛勇编著.—北京:清华大学出版社,2014(2019.6 重印)

(青少年科技创新丛书)

ISBN 978-7-302-34806-1

Ⅰ. 机… Ⅱ. ①毛… Ⅲ. ①机器人-制作-青年读物 ②机器人-制作-少年读物 Ⅳ. ①TP242

中国版本图书馆 CIP 数据核字(2013)第 301269 号

责任编辑:帅志清
封面设计:刘 莹
责任校对:刘 静
责任印制:刘祎淼

出版发行:清华大学出版社
    网 址:http://www.tup.com.cn, http://www.wqbook.com
    地 址:北京清华大学学研大厦 A 座   邮 编:100084
    社 总 机:010-62770175   邮 购:010-62786544
    投稿与读者服务:010-62776969, c-service@tup.tsinghua.edu.cn
    质量反馈:010-62772015, zhiliang@tup.tsinghua.edu.cn
印 装 者:山东润声印务有限公司
经 销:全国新华书店
开 本:185mm×260mm 印 张:9.75 字 数:218 千字
版 次:2014 年 3 月第 1 版 印 次:2019 年 6 月第 2 次印刷
定 价:56.00 元

产品编号:056748-02

序 （1）

吹响信息科学技术基础教育改革的号角

（一）

信息科学技术是信息时代的标志性科学技术。信息科学技术在社会各个活动领域广泛而深入的应用，就是人们所熟知的信息化，它是 21 世纪最为重要的时代特征。作为信息时代的必然要求，它的经济、政治、文化、民生和安全都要接受信息化的洗礼。因此，生活在信息时代的人们都应当具备信息科学的基本知识和应用信息技术的基础能力。

理论和实践都表明，信息时代是一个优胜劣汰、激烈竞争的时代。谁最先掌握了信息科学技术，谁就可能在激烈的竞争中赢得制胜的先机。因此，对于一个国家来说，信息科学技术教育的成败优劣，就成为关系到国家兴衰和民族存亡的根本所在。

同其他学科的教育一样，信息科学技术的教育也包含基础教育和高等教育这样两个相互联系、相互作用、相辅相成的阶段。少年强则国强，少年智则国智。因此，信息科学技术的基础教育不仅具有基础性意义，而且具有全局性意义。

（二）

为了搞好信息科学技术的基础教育，首先需要明确：什么是信息科学技术？信息科学技术在整个科学技术体系中处于什么地位？在此基础上，明确：什么是基础教育阶段应当掌握的信息科学技术？

众所周知，人类一切活动的目的归根结底就是要通过认识世界和改造世界，不断地改善自身的生存环境和发展条件。为了认识世界，就必须获得世界（具体表现为外部世界存在的各种事物和问题）的信息，并把这些信息通过处理提炼成为相应的知识；为了改造世界（表现为变革各种具体的事物和解决各种具体的问题），就必须根据改善生存环境和发展条件的目的，利用所获得的信息和知识，制定能够解决问题的策略并把策略转换为可以实践的行为，通过行为解决问题、达到目的。

可见，在人类认识世界和改造世界的活动中，不断改善人类生存环境和发展条件这个目的是根本的出发点与归宿，获得信息是实现这个目的的基础和前提，处理信息、提炼知识和制定策略是实现目的的关键与核心，而把策略转换成行为则是解决问题、实现目的的最终手段。不难明白，认识世界所需要的知识和改造世界所需要的策略，以及执行策略的行为是由信息加工分别提炼出来的产物。于是，确定目的、获得信息、处理信息、提炼知识、制定策略、执行策略、解决问题、实现目的，就自然地成为了信息科学技术的基本任务。

这样，信息科学技术的基本内涵就应当包括：（1）信息的概念和理论；（2）信息的地位和作用,包括信息资源与物质资源的关系以及信息资源与人类社会的关系;(3)信息运动的基本规律与原理,包括获得信息、传递信息、处理信息、提炼知识、制定策略、生成行为、解决问题、实现目的的规律和原理;(4)利用上述规律构造认识世界和改造世界所需要的各种信息工具的原理和方法;(5)信息科学技术特有的方法论。

鉴于信息科学技术在人类认识世界和改造世界活动中所扮演的主导角色,同时鉴于信息资源在人类认识世界和改造世界活动中所处的基础地位,信息科学技术在整个科学技术体系中显然应当处于主导与基础双重地位。信息科学技术与物质科学技术的关系,可以表现为信息科学工具与物质科学工具之间的关系:一方面,信息科学工具与物质科学工具同样都是人类认识世界和改造世界的基本工具;另一方面,信息科学工具又驾驭物质科学工具。

参照信息科学技术的基本内涵,信息科学技术基础教育的内容可以归结为:(1)信息的基本概念;(2)信息的基本作用;(3)信息运动规律的基本概念和可能的实现方法;(4)构造各种简单信息工具的可能方法;(5)信息工具在日常活动中的典型应用。

(三)

与信息科学技术基础教育内容同样重要甚至更为重要的问题是要研究:怎样才能使中小学生真正喜爱并能够掌握基础信息科学技术? 其实,这就是如何认识和实践信息科学技术基础教育的基本规律的问题。

信息科学技术基础教育的基本规律有很丰富的内容,其中的两个重要问题:一是如何理解中小学生的一般认知规律,一是如何理解信息科学技术知识特有的认知规律和相应能力的形成规律。

在人类(包括中小学生)一般的认知规律中,有两个普遍的共识:一是"兴趣决定取舍",一是"方法决定成败"。前者表明,一个人如果对某种活动有了浓厚的兴趣和好奇心,他就会主动、积极地去探寻奥秘;如果没有兴趣,他就会放弃或者消极应付。后者表明,即使有了浓厚的兴趣,但是如果方法不恰当,最终也会导致失败。所以,为了成功地培育人才,激发浓厚的兴趣和启示良好的方法都非常重要。

小学教育处于由学前的非正规、非系统教育转为正规的系统教育的阶段,原则上属于启蒙的教育。在这个阶段,调动兴趣和激发好奇心理更加重要。中学教育的基本要求同样是要不断调动学生的学习兴趣和激发他们的好奇心理,但是这一阶段越来越重要的任务是要培养他们的科学思维方法。

与物质科学技术学科相比,信息科学技术学科的特点是比较抽象、比较新颖。因此,信息科学技术的基础教育还要特别重视人类认识活动的另一个重要规律:人们的认识过程通常是由个别上升到一般,由直观上升到抽象,由简单上升到复杂。所以,从个别的、简单的、直观的学习内容开始,经过量变到质变的飞跃和升华,才能掌握一般的、抽象的、复杂的学习内容。其中,亲身实践是实现由直观到抽象过程的良好途径。

综合以上几方面的认识规律,小学的教育应当从个别的、简单的、直观的、实际的、有趣的学习内容开始,循序渐进,由此及彼,由表及里,由浅入深,边做边学,由低年级到高年级,由小学到中学,由初中到高中,逐步向一般的、抽象的、复杂的学习内容过渡。

（四）

我们欣喜地看到，在信息化需求的推动下，信息科学技术的基础教育已在我国众多的中小学校试行多年。感谢全国各中小学校的领导和教师的重视，特别感谢广大一线教师们坚持不懈的努力，克服了各种困难，展开了积极的探索，使我国信息科学技术的基础教育在摸索中不断前进，取得了不少可喜的成绩。

由于信息科学技术本身还在迅速发展，人们对它的认识还在不断深化。由于"重书本"、"重灌输"等传统教育思想和教学方法的影响，学生学习的主动性、积极性尚未得到充分发挥，加上部分学校的教学师资、教学设施和条件也还不够充足，教学效果尚不能令人满意。总之，我国信息科学技术基础教育存在不少问题，亟须研究和解决。

针对这种情况，在教育部基础司的领导下，我国从事信息科学技术基础教育与研究的广大教育工作者正在积极探索解决这些问题的有效途径。与此同时，北京、上海、广东、浙江等省市的部分教师也在自下而上地联合起来，共同交流和梳理信息科学技术基础教育的知识体系与知识要点，编写新的教材。所有这些努力，都取得了积极的进展。

《青少年科技创新丛书》是这些努力的一个组成部分，也是这些努力的一个代表性成果。丛书的作者们是一批来自国内外大中学校的教师和教育产品创作者，他们怀着"让学生获得最好教育"的美好理想，本着"实践出兴趣，实践出真知，实践出才干"的清晰信念，利用国内外最新的信息科技资源和工具，精心编撰了这套重在培养学生动手能力与创新技能的丛书，希望为我国信息科学技术基础教育提供可资选用的教材和参考书，同时也为学生的科技活动提供可用的资源、工具和方法，以期激励学生学习信息科学技术的兴趣，启发他们创新的灵感。这套丛书突出体现了让学生动手和"做中学"的教学特点，而且大部分内容都是作者们所在学校开发的课程，经过了教学实践的检验，具有良好的效果。其中，也有引进的国外优秀课程，可以让学生直接接触世界先进的教育资源。

笔者看到，这套丛书给我国信息科学技术基础教育吹进了一股清风，开创了新的思路和风格。但愿这套丛书的出版成为一个号角，希望在它的鼓动下，有更多的志士仁人关注我国的信息科学技术基础教育的改革，提供更多优秀的作品和教学参考书，开创百花齐放、异彩纷呈的局面，为提高我国的信息科学技术基础教育水平做出更多、更好的贡献。

钟义信

2013 年冬于北京

序 （2）

探索的动力来自对所学内容的兴趣，这是古今中外之共识。正如爱因斯坦所说，一个贪婪的狮子，如果被人们强迫不断进食，也会失去对食物贪婪的本性。学习本应源于天性，而不是强迫灌输。但是，当我们环顾目前教育的现状，却深感沮丧与悲哀：学生太累，压力太大，以至于使他们失去了对周围探索的兴趣。在很多学生的眼中，已经看不到对学习的渴望，他们无法享受学习带来的乐趣。

在传统的教育方式下，通常由教师设计各种实验让学生进行验证，这种方式与科学发现的过程相违背。那种从概念、公式、定理以及脱离实际的抽象符号中学习的过程，极易导致学生机械地记忆科学知识，不利于培养学生的科学兴趣、科学精神、科学技能，以及运用科学知识解决实际问题的能力，不能满足学生自身发展的需要和社会发展对创新人才的需求。

美国教育家杜威指出，成年人的认识成果是儿童学习的终点。儿童学习的起点是经验，"学与做相结合的教育将会取代传授他人学问的被动的教育"。如何开发学生潜在的创造力，使他们对世界充满好奇心，充满探索的愿望，是每一位教师都应该思考的问题，也是教育可以获得成功的关键。令人感到欣慰的是，新技术的发展使这一切成为可能。如今，我们正处在科技日新月异的时代，新产品、新技术不仅改变我们的生活，而且让我们的视野与前人迥然不同。我们可以有更多的途径接触新的信息、新的材料，同时在工作中也易于获得新的工具和方法，这正是当今时代有别于其他时代的特征。

当今时代，学生获得新知识的来源已经不再局限于书本，他们每天面对大量的信息，这些信息可以来自网络，也可以来自生活的各个方面：手机、iPad、智能玩具等。新材料、新工具和新技术已经渗透在学生的生活中，这也为教育提供了新的机遇与挑战。

将新的材料、工具和方法介绍给学生，不仅可以改变传统的教育内容与教育方式，而且将为学生提供一个实现创新梦想的舞台，教师在教学中可以更好地观察和了解学生的爱好、个性特点，更好地引导他们，更深入地挖掘他们的潜力，使他们具有更为广阔的视野、能力和责任。

本套丛书的作者大多是来自著名大学、著名中学的教师和教育产品的科研人员，他们在多年的实践中积累了丰富的经验，并在教学中形成了相关的课程，共同的理想让我们走到了一起，"让学生获得最好的教育"是我们共同的愿望。

本套丛书可以作为各校选修课程或必修课程的教材,同时也希望籍此为学生提供一些科技创新的材料、工具和方法,让学生通过本套丛书获得对科技的兴趣,产生创新与发明的动力。

丛书编委会

2013 年 10 月 8 日

前　言

　　同学们知道吗？人类已经在地球这个美丽的蓝色星球上进化、繁衍了上百万年。但在这漫长的百万年间，人类社会这台巨大的车体都只是吱吱呀呀地缓缓向前移动。直到两百多年前，瓦特发明了第一台现代蒸汽机，这台"大车"好像一只突然被惊醒了的怪兽，一旦开始加速，就再也没有什么东西能够阻挡它向前的脚步了。只是在一百年之后，古老的教堂那原本醒目的尖顶就已经湮没在近代工厂如林高耸的烟囱中，洲际铁路将遥远的东西方连接起来，满载着工业产品的轮船航行在浩渺的大洋上，跨洋电报令美洲和欧洲的人们能够瞬时沟通。自从冯·诺依曼设计出计算机，仿佛只在一夜间，人类社会就跨入了信息时代。互联网、搜索引擎、iPad、微博，同学们也许对生活中每天都在不断涌现的这些新鲜玩意儿司空见惯。但是你们能想到吗？只是在一二十年前，这些神奇的事物可能都还只停留在最激进的幻想家的脑海里。

　　这就是科学和技术爆炸般的力量，它改变了人类的生产方式、交换方式、社会组织，它改变了我们身边的一切。生活在这样一个每天都是崭新的时代里，人类是幸运的，因为每天起床都可能见证到奇迹的诞生，新事物不断被人们接受、成为我们生活的一部分。同时，我们又要承担相应的压力，因为在这样一个时代，同学们若不努力学习，尤其是努力学习科学和技术的应用、创新，只会被时代抛在后面。

　　那么，如何能够更好地学习科学和技术呢？如何才能将所学到的知识实际运用到生活中，去发明，去创造呢？我们说，机器人就是一个最好的平台。机器人学是一个集成了机械、电子、计算机、人工智能等多个领域先进技术的交叉学科，许多国家都把发展机器人当成一项战略性的研究任务。同时，机器人又是科技和创新教育的良好载体。学习机器人，可以令青少年理解和掌握科学、技术、工程学和数学的很多知识与原理，并且通过动手实践将它们运用到解决实际问题的过程中。但同样是由于机器人多学科交叉融合的特点，它的内容难免芜杂，容易使作为机器人初学者的同学不得其门而入。

　　机器人教育在我国已经开展了多年，但是在普及方面还存在明显的不足。很多教师和同学都希望能够拥有一套面向教育、价格适中的机器人教育解决方案，帮助他们在学校里以机器人社团或是校本课程的方式开展机器人活动。本书就是为了这样的目的而编写。我们选择了全球最为炙手可热的开源硬件平台 Arduino 作为机器人主控制器的基础，又根据教育的特点在其上进行了一些定制开发工作，将它的学习曲线进一步降低下来。

　　本书针对的读者是对机器人拥有热情但并不了解的初学者，他们具备了相当的理解和认知能力，但是却常常苦于如何获得机器人的知识并将它们应用于实际。因此，我们在编写此书时遵循的主要原则是知识与技能的学习要紧紧伴随着实际应用。全书以任务为导向,基于项目学习的方式,用几十个具体的实验活动和拓展活动将内容贯穿起来。在知识内容的组织上,我们并不太重视知识灌输的系统性,比如 C 语言的使用就是择其要点,在任务涉及时才将必要的知识进行讲授。本书涉及的实验和拓展不是一个个孤立的示例,而是有认知和逻辑上的前后顺序,由浅入深。同学们在学习了本书的内容后,会在不知不觉间迈入机器人世界的门槛,甚至初步具备了参加巡线和灭火机器人挑战赛的能力。

此外,我们希望本书不仅能作为机器人爱好者的学习读物,而且可以根据教学课时要求稍作变化后,作为教师进行机器人教学活动时的教材。

本书由毛勇主编,参加编写的人员有韩恭恩、李欢、李慧、梁潆、刘翠蓉、刘明非、王璐、谢鹏、谢作如和郑祥。

希望本书能够让更多的青少年从这里开始爱上机器人,能够为机器人走入课堂、走向普及贡献一点绵薄之力。

编　者

目　录

第一课　　走近机器人

21世纪是科技高速发展的时代,这个时代对未来影响最大的4项技术是智能机器人技术、巨型计算机技术、生物技术和纳米技术。

同学们不要以为这些科技前沿的新鲜玩意儿离我们还很远。实际上,科学技术每时每刻都在悄然改变着我们的生活,机器人这个以前看来似乎遥不可及的事物已经慢慢融入了我们的日常生活中。现在,在现代化工厂中工作的工人师傅们每天打交道最多的就是各种各样的工业机器人,它们帮助工人师傅们完成各种繁重、枯燥的工作。很多同学的家里,也许已经有了扫地机器人,这种机器人可以把原来很难清洁到的卫生死角扫得干干净净。而对于担负着保卫人民群众安全的警察同志,各种反恐防暴机器人也早就不陌生了,使用机器人可以更加安全地排除可疑的爆炸物,更有效地打击恐怖分子。

对于广大的青少年朋友来说,机器人是帮助我们学习科学技术,为未来打好基础的最优秀的舞台。通过学习机器人,不仅能够学以致用,将我们在课堂上学到的数学、物理等知识应用到实际当中,还能学习掌握电子、机械、计算机等先进的科学技术。在开展机器人项目的过程中,我们的动手能力、项目管理能力、表达能力、领导能力等综合素质也将会得到提升。

那么,同学们还在等待什么呢? 赶快让我们一起进入机器人的世界吧! 在学习了本节课程后,同学们应该理解什么是机器人? 什么是智能机器人? 能够指出机器人的几大主要组成部分及其功能。

一、机器人概述

提起机器人,同学们肯定不会感到陌生。好莱坞的电影里那些精彩的机器人形象早就深入人心了,如图 1-1 中可爱的瓦利机器人,《终结者》里面来自未来世界的杀手机器人,各种各样的变形金刚。但你们知道机器人——"Robot"这个名字的由来吗?什么样的机器人才能被称为智能机器人呢?下面细细道来。

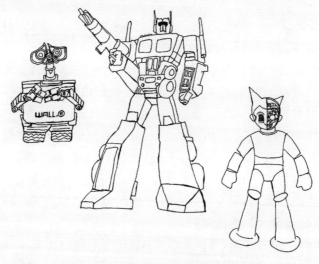

图 1-1 电影中的各种机器人形象

机器人(Robot)这个词最早出现在 20 世纪初捷克科幻作家一部叫作《罗索姆的万能机器人》的小说中,在原文里本来是写作"Robota"的,后来慢慢演变成了大家都接受的"Robot"一词。不过,大家可别被机器人这个名字所误导,认为机器人就一定长得和我们人类有几分相似。实际上,机器人的外表千奇百怪,很多和我们人类的外表没有半点相似之处。那么机器人是如何定义的呢?科学家说:"机器人是一种自动化的机器,能够依靠自身的动力和控制能力实现某种任务,这种机器具备一些与人或生物相似的智能能力,如感知能力、规划能力、动作能力和协同能力等。"按照这个定义,我们日常生活中每天都接触到的很多机械设备,如自动售货机、全自动洗衣机、自动取款机,甚至是红外感应的自动冲水马桶,都能算是机器人。机器人离我们的生活并不遥远。

而智能机器人比起一般的机器人来又前进了一步。如果一个机器人能够利用传感器感知外部世界,然后依靠自身的智能对外界环境的变化作出反应,那么这种机器人就可以被叫作智能机器人了。那么大家想一想,按照这个思路,刚刚提到的红外感应自动冲水马桶是不是也可以算是一种智能机器人呢?

图 1-2 中就是一些生活中最常见的智能机器人。

(a)自动售货机　　　　(b)自动取款机　　　　(c)红外自动抽水马桶

图 1-2　生活中的智能机器人

二、机器人的四大组成部分

说了这么多,同学们肯定已经很想知道机器人是如何工作的了。实际上,根据机器人所需要完成的任务不同,它们的设计也是千差万别,仅从外貌很难看出规律。不过,如果仔细地对它们做总结就会发现,大多数的机器人无外乎包括下面的几个部分,而且这几大部分都和人类或动物的身体器官能够一一对应。

1. 机器人的大脑——主控制器

和人类的大脑一样,机器人的大脑——主控制器是机器人最核心的部件。我们为机器人编写的各种控制程序和人工智能程序都在主控制器中运行。机器人的传感器得到的众多的外界环境信息传达到主控制器,人工智能程序对这些信息进行汇总处理,给各种驱动器、执行器发出控制命令。机器人就是以这种方式执行各种各样实际的任务。

主控制器具体是什么东西呢?实际上,它就是一种计算机。这里的计算机是一个相当宽泛的概念,它们可不仅指我们家里每天用的个人计算机。除了个人计算机外,还有其他形形色色的各种计算机,小到只有同学们指甲盖大小的单片机(MCU),大到要装满几个大房间的超级计算机。而这些计算机中最广泛用作机器人控制器的还要数单片机了。同学们想一想,如果要制造一台全自动洗衣机——前面说过了全自动洗衣机也是一种机器人,那么用一台个人计算机作为控制器,是不是就有些“杀鸡用牛刀”了呢?这种时候,单片机就可以大展拳脚了。单片机是典型的“麻雀虽小,五脏俱全”。一片小小的单片机中包括了中央处理器、存储器、定时器、数字输入/输出接口、模拟输入/输出接口等。本书中所使用的机器人的主控制器就是以一个单片机为核心。小小的一片单片机 1 秒钟能做上千万次的运算。

2. 机器人的眼睛、耳朵和触角——传感器

如果机器人只能按照编好的程序指令有一是一、有二是二地行动,会不会就显得太“笨”了呢?科学家们早就想办法让机器人具备了更高的智能,让它们能够根据环境的变化做出反应。比如现在已经有服务机器人可以根据主人家里的温度变化调节空调、暖气,让人类主人一直处于舒适的环境中。再比如,在国外的一些博物馆中有导游机器人(见

机器人的天空——基于 Arduino 的机器人制作

图 1-3）为人们服务，它们能不知疲倦地带领游客参观并且详细讲解，但是在博物馆中，人来人往，导游机器人怎么能够防止自己撞上其他游客呢？这就要靠"传感器"实现了。传感器就像是人类的眼睛、鼻子、耳朵，或是动物的触角，潜水艇的声呐。它们可以将环境中的声、光、电、磁、温度、湿度等物理量转化为机器人的大脑——控制器可以处理的电信号。控制器通过读取这些电信号很快知道周围发生了什么，然后智能程序根据周围环境的变化作出实时响应。

图 1-3　博物馆导游机器人

3. 机器人的足——驱动器

前面所举的机器人的例子，如智能抽水马桶、全自动洗衣机，都是没有移动能力的机器人。但是想想看，会跑的机器人也许能更好地帮助人类，我们可不想家里的智能管家机器人只能待在一个房间中，因此，人们制造了一大类可以自由运动的机器人，它们被称为移动机器人。而帮助它们移动的机械和电子设备就叫作驱动器。同样，机器人的驱动器也是五花八门。大多数机器人就像我们日常生活中常见的各种车辆一样，是用轮子或者履带运动的。也有机器人应用仿生学原理，像人或动物一样用两足、四足或六足运动。还有的机器人可以螺旋桨产生的推力翱翔在天空，可以像蛟龙一样自由地潜入水下。有了驱动器的帮助，是不是机器人变得上山下海，无所不能了呢？图 1-4 是采用履带式驱动的军用机器人。

图 1-4　用履带驱动的军用机器人

4. 机器人的手——执行器

机器人的结构中用来实际完成特定任务的装置叫作执行器。比如,自动售货机中,把货物取出交给顾客的装置就是执行器。还有一些机器人的执行器更加复杂,看起来像是人类的手臂。现代工厂中的焊接机器人、喷漆机器人、码垛机器人都有一只灵活、强壮的手。也许在工厂中做某些技术活时,机器人还是不如有经验的人类师傅。但是在做那些高强度、重复性的劳动时,机器人就会全面胜出了,它们可以不知疲倦地工作,又快又好地完成任务。现在最先进的机器人已经可以进行复杂的外科手术了,图1-5中就是最先进的外科手术机器人。

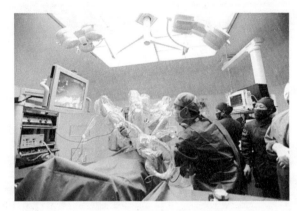

图 1-5　外科手术机器人

三、机器人对人类的帮助

总结起来,机器人主要可以在以下的几个方面发挥它们的优势。

1. 机器人可以代替人类完成重复性、高强度的体力劳动

前面已经提到过,在现代化工厂中,大部分枯燥的体力劳动都可以用不知疲倦的工业机器人代替工人师傅们完成,工人师傅们在计算机屏幕后就可以完成原来又脏又累的工作了。不仅如此,机器人进行重复性工作时的精确度也是人类无法比拟的,因此产品的质量会更有保障。同学们能想到吗?我们每天乘坐的汽车已经几乎完全是由机器人焊接、组装的了。图1-6中工业机器人正在进行汽车装配工作。

2. 机器人可以代替人类在危险条件下工作

同学们能想到的最危险的地方是哪里呢?灾害现场?现代战场?没错,机器人已经可以在这些地方发挥重要作用了。不久的将来,大家会发现,一旦发生自然灾害,救灾机器人会冲在第一线,挽救灾区人民的生命和财产。同学们也许听过这句话,现代的战争是综合国力的比拼。综合国力最重要的一项是科技实力。现在发达国家已在军队装备机器人,这种机器人可以负重几百公斤在各种地形地貌环境中前进。图1-7中是美国最新的"大狗"军用运输机器人。

图 1-6　工业机器人

图 1-7　"大狗"军用运输机器人

3. 机器人可以到达人类难以到达的环境，帮助科学进步

人类从来没有停止探索我们所在的星球和浩渺的太空。但是对于人类脆弱的身体来说，这些地方的环境实在是太恶劣了。好在有了各种钢筋铁骨的机器人帮助我们进行科学探索。从月球、火星到海底、火山，凡是科学家们需要探索的地方都少不了机器人。美国发射的几代火星探索机器人已经在火星上进行科考工作了，图 1-8 中是代号为"好奇号"火星探索机器人。

4. 机器人可以与人类和谐相处

现代社会生活节奏变得越来越快，在物质丰富的同时也产生了各种社会问题。越来越多的"空巢老人"和行动不便的病人需要照顾，面对这些问题，科学技术又能如何帮助我们呢？科学家们设计出各种服务机器人满足我们的要求。"请递给我一杯水"、"把房间温度调高一些"、"帮我接通社区医院的电话"，以后主人们只要这样说出自己的命令，服务机器人就会及时满足他们的要求。除了帮做家务，当主人感到孤独时，机器人宠物还可以陪伴主人，给主人精神慰藉。根据最新的报道，法国科学家研制的 Nao 机器人（见图 1-9）已经用于治愈自闭症儿童，并且产生了惊人的效果。很多存在交流障碍的儿童，通过和 Nao 机器人相处情况好转。

图 1-8 "好奇号"火星探索机器人

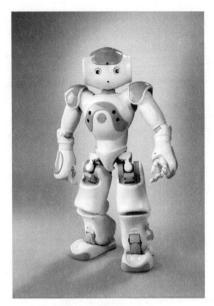

图 1-9 Nao 仿人机器人

实验活动 寻找生活中的机器人

生活中能见到各种各样机器人,让我们睁大眼睛,寻找生活中的各种机器人,并且用这节课教给大家的思路,分析它们的几大组成部分。把结果填写在表 1-1 中。

表 1-1 寻找生活中的机器人

机器人名称	功 能	控制器	传感器	驱动器	执行器
如智能冲水马桶	感知到有人使用后自动冲水	小单片机	红外热释传感器	无	电动冲水装置

第二课　我的第一台机器人

　　通过第一课的学习,浏览了世界上形形色色的机器人,它们虽然看起来大不相同,但一般都可以分为四大组成部分。

　　这节课让我们"解剖"一下本课程中所要使用的机器人,看看它的四大组成部分都包括哪些东西。别小看我们的小机器人,虽然它是以帮助同学们学习为目的的教育机器人,没有第一节课中介绍的那些复杂的大机器人那么"炫"的外观,但其中的功能一点也不少。让我们逐步认识、熟悉它的部件,并且灵活地应用它们完成有趣的任务。

　　本节课后,同学们应该已经将小机器人的基本底盘组装成功,并且学会将智能程序下载到机器人的控制器中了。虽然功能简单,但这毫无疑问可以算是我们所拥有的第一台机器人。就让我们从这里开始奇妙的机器人之旅吧!

一、解剖我们的小机器人

同学们已经知道,每个机器人大致可以分为四大组成部分:机器人的大脑——主控制器、机器人的眼睛和耳朵——传感器、机器人的手臂——执行器和机器人的腿脚——驱动器。下面看看将要使用的机器人的具体模样。

1. Arduino 主控制器

机器人的四大组成部分里最重要也是每个机器人必不可少的部件是主控制器。其实它就是一台小小的计算机,在它上面运行编写的智能程序,而机器人就是靠智能程序的指挥完成任务的。

我们的机器人采用的主控制器叫作 Arduino。它是全世界最有名的开源硬件平台,每天有无数的机器人、电子创新或互动艺术的爱好者们使用 Arduino 进行他们的发明创新工作。学会使用它之后,我们就是他们中的一员,可以和全世界的爱好者们共同进行创新活动了。图 2-1 所示为本书中所使用的 Arduino 主控制器。

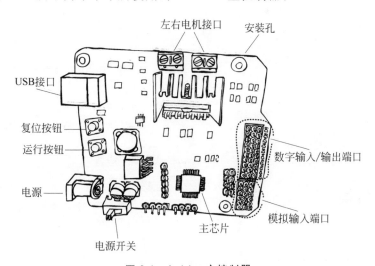

图 2-1　Arduino 主控制器

2. 各种各样的传感器

只有聪明的大脑还不够,感受不到外界环境变化的机器人是不能被称作智能机器人的。如果机器人没有传感器的帮助,就像"两眼一抹黑"的瞎子一样,可以做的事情有限。

传感器是可以把现实世界中的各种物理量转化为可以被计算机读取的电信号的装置。人们发明了各种各样的传感器,加速度计可以测量物体的加速度运动、热敏传感器可以感受温度的变化、磁敏传感器可以感受周围磁场的强度,等等。

本书介绍几种常用的传感器,如图 2-2 所示。微触开关传感器可以检测微小的碰撞,光感传感器可以检测光线亮度的变化,地面灰度检测传感器可以用来检测地面黑白程度。在后续的课程中将会学习它们的原理,并且把它们应用到我们的小机器人中。

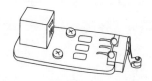 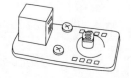 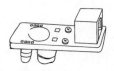

图 2-2　微触开关传感器、光感传感器和地面灰度检测传感器

3. 用执行器完成任务

很多机器人都有和人类一样灵活的手臂,可以用它抓取或移动物体。没有手臂的机器人功能就要大打折扣了。在本书中,我们用一种被称为"舵机"的特殊电机制作机器人的手臂。

在本书中说到机器人的执行器时,采用的是一个宽泛的概念。因为有一些机器人虽然不一定拥有手臂,但它们可以用其他的机电装置完成某种特殊的执行器功能。所以这里将机器人的发声或发光功能也归为执行器范畴。同学们很快就会接触到 LED 小灯、蜂鸣发声装置等各种执行器模块,如图 2-3 所示。

图 2-3　舵机、LED 小灯模块和蜂鸣器模块

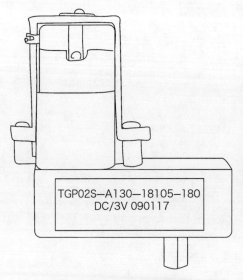

图 2-4　直流减速电机驱动器

TGP02S—A130—18105—180
DC/3V 090117

4. 让机器人上天下海的驱动器

前面已经讲过可以移动的机器人是机器人中的一个大类,而作为移动机器人的腿脚的驱动器就是让它们完成各种运动的动力源泉。直流减速电机是最常见的机器人驱动器。在课程中一直伴随我们的小机器人就是用 2 只直流减速电机作为驱动器的双轮差速驱动机器人,直流减速电机如图 2-4 所示。至于如何随心所欲地控制电机的运动,双轮差速驱动方式又有什么特点,这些问题很快就会在后续的课程中讲解。

实验活动　第一台机器人的诞生

实验器材

- Arduino 主控制器板和扩展板；
- LED 小灯板；
- 直流减速电机和轮子；
- 机器人车体的其他机械件；
- 螺丝刀和尖嘴钳。

实验步骤

请同学们拿起工具，按照附录 G 所列步骤，将小机器人组装起来吧！组装成功的小机器人如同图 2-5 中这样。

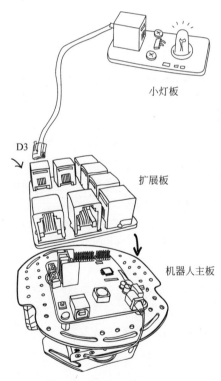

小灯板

D3

扩展板

机器人主板

图 2-5　组装成功的机器人

二、机器人的智能

组装好机器人，下一步就要给它加载智能程序了。同学们可能会好奇，智能程序是如何编写和"灌输"到机器人的主控制器中的呢？其实并不复杂，机器人的主控制器就是一台迷你计算机,用一根 USB 连接线将其和我们的个人计算机连到一起(见图 2-6),单击一下按钮,同学们在个人计算机中编写的程序就会"下载"到主控制器。之后,智能程序会接管机器人,指挥它乖乖地为我们完成任务。

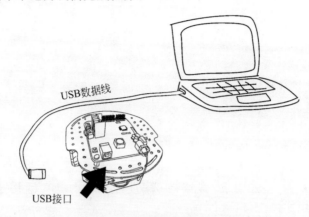

USB数据线

USB接口

图 2-6　主控制器和计算机的连接

同学们知道可以运行的软件程序在计算机中是什么样子的吗? 如果打开一个可以执行的文件,就会发现它们大同小异,里面全是由 0 和 1 组成的二进制编码,似乎完全读不懂,也找不到它的规律。这种代码叫作"机器代码",顾名思义,它们是供计算机处理而不是给人读的。

人类程序员编写程序时,通常采用可读性更好的"高级语言"。比如,鼎鼎大名的C 语言就是一种高级语言。在本书中,就是用 C 语言编写 Arduino 程序的。聪明的同学可能会问,如何将高级语言编写的程序变成机器能"看懂"的机器代码呢? 科学家们早就设计了专门的计算机程序来做这件事情,它们叫作编译器和链接器。使用它们把 C 语言程序变成机器代码的过程就叫编译和链接。

同学们再想一想,要是在工作的时候,每次想要运行一下自己的程序都要去找编译器和链接器,然后一个一个地运行它们,是不是很麻烦呢? 别担心,各种高级语言都有自己好用的集成开发环境(IDE)软件帮助去做这些琐碎的事情,有的集成开发环境可以在我们忘记某个功能如何使用时跳出"帮助"文档,有的还可以"提醒"命令的写法。Arduino为我们提供了一个简明的集成开发环境。这个软件的界面如图 2-7 所示。

在这个编程环境中,可以在白色的区域内书写自己的程序。平时打交道最多的功能都被制作成快捷按钮形式,大多数时候,只要用鼠标单击按钮就可以完成大部分工作了。下面先来总结一下这些按钮的功能。

1. 校验按钮(见图 2-8)

用于校验程序的语法正确性,如果编写的程序语法有错,下面的黑色区域就会给出错误类型的提示。

2. 下载按钮(见图 2-9)

用于将程序编译成机器代码后下载到 Arduino 主控制器。当然,如果程序有语法错误,下载会失败,并且一样会在黑色区域内出现错误类型提示。

图 2-7　编程软件界面

图 2-8　校验按钮

图 2-9　下载按钮

3. 新建按钮（见图 2-10）

图 2-10　新建按钮

新建一个新程序，软件会自动用 Arduino 的程序模板新建一个程序，在它的基础上编写自己的智能程序。

4. 打开按钮（见图 2-11）

图 2-11　打开按钮

打开已有的程序，这样就可以在以前保存过的程序的基础上继续工作了。

5. 保存按钮（见图 2-12）

图 2-12　保存按钮

将我们修改过的程序保存起来。

6. 串口监视器（见图 2-13）

图 2-13　串口监视器

如果我们成功把主控板连接到了个人计算机上，就可以打开串口监视器了。它是机器人调试的一个非常好用的工具。我们会在后面的课中讲到它的用法。

实验活动　我的第一个智能程序

实验器材

- 已经组装好的机器人和小灯模块；
- USB 连接线；
- 个人计算机。

实验步骤

1. 安装软件

刚才已经讲过，为 Arduino 编程是需要一种叫作集成开发环境的软件的。而且为了让个人计算机能够识别 Arduino 主控制器，还需要一些驱动程序的支持。因此，我们工作的第一步是按照附录 A 中的说明，一步步地将计算机上的软件安装好。

2. 连接主控制器

现在主控制器可以和个人计算机用 USB 线连接起来了。个别的时候如果我们更换了一个 USB 接口，连接的时候计算机会跳出要求驱动程序的窗口。在 Windows 操作系统下，只需要选择让计算机到 C:\Program Files\Arduino\drivers 目录中搜索就可以了。

3. 编写程序

打开 Arduino 的集成开发环境软件，逐行输入图 2-14 所示的下面程序。这段程序叫作"Blink"，就是闪烁的意思。它是 Arduino 中最出名的一段示例程序，无数爱好者通过它开始爱上 Arduino。我们马上就来实验它，让 LED 小灯闪烁发光。

4. 编译下载

现在就可以将编写好的程序编译后下载到主控制器。在单击"下载"按钮进行编译和下载操作前，要确认在"工具"→"板卡"菜单命令的列表中选择了正确的 Arduino 主控板

```
sketch_feb13a | Arduino 1.5.2
文件  编辑  程序  工具  帮助

sketch_feb13a    Blink §

// LED小灯闪烁程序

void setup() {
  pinMode(3, OUTPUT);          // D3号端口为输出端口
}

void loop() {
  digitalWrite(3, HIGH);       // 点亮小灯
  delay(1000);                 // 等待1秒钟
  digitalWrite(9, LOW);        // 熄灭小灯
  delay(1000);                 // 等待1秒钟
}

一个文件加入到程序中

1                                         Arduino Leonardo on COM12
```

图 2-14　LED 小灯闪灯程序

的类型,我们所使用的是 Arduino 的 Leonardo 控制器。然后,再在"工具"→"串口"菜单命令中选择适当的串口编号。现在,单击"下载"按钮,就可将程序传送到主控板。

5. 观察现象

如果不出意外,现在单击主控制器的"运行"按钮,就可以看到 LED 小灯模块开始一闪一闪地工作了。

拓展活动　从改变一个数字开始

刚才已经成功地用一段智能程序让 LED 小灯一闪一闪地工作了。通过观察可以发现,小灯的闪烁周期是恒定的,究竟是程序中的什么语句控制了小灯的亮灭周期呢?我们可以给大家一点提示,程序中有两处出现了 delay(1000);语句,就是它改变了小灯的亮灭周期。现在,就来试试改变这两处语句中 1000 这个数值,看看会发生什么情况?用下面的数值进行实验,并且把你观察到的现象填入表 2-1 中。

表 2-1　实验记录

第一处 delay	第二处 delay	现　　象
500	500	
800	200	
200	800	
10	10	
15	5	
5	15	

经过这次实验后，同学们发现了什么呢？请大家发挥自己的想象力，猜一猜程序中两处 delay(数值)语句的作用分别是什么？把自己的思考写出来。

_____

_____

_____

_____

_____

第三课　会跳8字舞的机器人

在上节课中已经组装成功了第一台小机器人，并且为它编写了一段最简单的智能程序。从本节课开始，将用这台机器人完成各式各样的任务。

同学们知道吗？在生物界中，可以观察到一个关于蜜蜂的奇特现象：它们常常会在空中飞出一个"8"字，就像是在跳"8字舞"一样。这种现象蕴含一个有趣的科学道理：蜜蜂这样做时，实际上是在用一种特殊的方式告知自己同伴蜜源的方位。它们的飞行轨迹与地面垂线的夹角，表示蜂房、太阳和蜜源三者之间的相对角度信息。当其他蜜蜂看到这样的信息时，就可以根据太阳的方向找到蜜源了。当然，如果是阴天下雨，或者看不到太阳时，蜜蜂就会失去这种辨别方向的神奇能力。

本节课中，我们就要让机器人像蜜蜂一样跳起8字舞。大家已经知道，机器人是依靠电机运动的，要想让它学会跳舞，自然需要学会控制机器人的电机，让电机按我们的想法自如地运动。那么，就让我们一起玩转机器人的驱动电机吧！

一、机器人的驱动

1. 机器人五花八门的运动方式

在学习控制电机的运动前,先来看看机器人都有哪些驱动方式吧!在这儿,我们说到机器人的驱动方式并不是指机器人的动力究竟是由电机提供的还是由内燃机提供的,而是指如何让机器人行动起来的。比如,有的机器人只有两个轮子驱动,有的机器人则有3 个轮子驱动,有的机器人使用多足步行的方式行进,甚至还有的机器人能像蛇一样爬行,像壁虎一样攀上墙壁。同学们想过没有,为什么我们在设计机器人时要有这么多不同种类的驱动方式呢?实际上,这些不同的驱动方式各有各的长处,图 3-1 是几种常见机器人驱动方式的示例。

图 3-1　不同驱动方式对地形的适应能力不同

比如,三轮车式的机器人,就和我们日常生活中常见的三轮车很相像,它一般有一个电机负责转动两个后轮,提供动力,另一个电机负责转动前轮,控制行进的方向。这样的机器人操控起来很简单,方向和速度能分别得到控制。但是它的缺点也很明显,在不平坦的地方,这种机器人就很容易翻车。另外,这种机器人是不能原地转弯的,而是有一个最小转弯半径。骑过三轮车的同学们都知道,即使把三轮车的车把转到最大角度,三轮车也不能原地转动,它只能跑一个不小的圆形,对吗? 而这个圆的半径,就是机器人的最小转弯半径啦!

再比如,履带式机器人可以很好地适应不平坦的地面环境,坦克车就是最好的例子。但是它也有速度相对比较慢、速度和方向不能分别控制、摩擦力大及能量损失大的缺点。可见,在平坦的环境中,我们就没必要用履带式机器人了。

还比如,五花八门的步行机器人,它们的主要区别在于腿的数目,从双足、四足到六足、八足,不一而足。这类机器人对地形的适应能力非常强,世界上最先进的四足步行机器人已经可以翻山越岭、跨越障碍,代替人类执行很多复杂的任务了。

总而言之,机器人要根据实际执行任务的环境不同选择最合适的驱动方式。

2. 双轮差速驱动

我们的小机器人采用的是最为常见的一种机器人驱动方式——双轮差速驱动。大家在安装机器人的时候应该早就发现了,我们的小机器人有两个电机和两个轮子(这里不考虑主要起支撑作用的小脚轮)。对于采用这种驱动方式的机器人来说,当它运动时,无非有这么几种情况:左轮和右轮以同样的速率向前转动,机器人向正前方前进;左轮和右轮以同样的速率向后转动,机器人向正后方后退;左轮和右轮的转动速度不同时,机器人就转弯了,而转弯半径的大小取决于左右两个轮子的转动速度之差。还有一种特殊的情况,如果左轮和右轮的转动速率相同,但是方向正好相反时,机器人就可以实现原地转动。图 3-2 说明了这几种不同的运动情况。

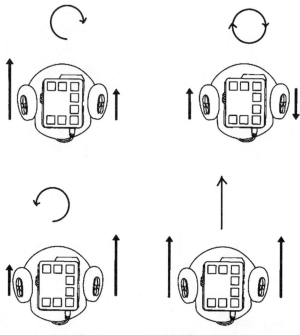

图 3-2　双轮差速机器人的运动

为什么双轮差速驱动能成为机器人中最为流行的驱动方式呢？这是因为这种驱动方式有很多明显的优点。首先，采用这种方式的机器人是靠两个独立的轮子实现运动的，这样的结构简单，机器人的运动很容易控制。其次，这种机器人还可以很灵活地实现转弯半径为 0 的原地转动。当然，它的缺点和优点一样明显：和三轮车式的机器人类似，在不平坦的地面上运动时，这种机器人的稳定性就是个大问题了。

那么，接下来就让我们看看该怎样做才能够控制双轮差速驱动的机器人进行随心所欲的运动吧！

二、像蜜蜂一样跳舞

1. 跳 8 字舞必备的两个条件

怎样才能让机器人像蜜蜂一样跳出完美的"8 字舞"呢？仔细分析一下不难发现，要想做到这一点，至少需要让它具备两种能力：首先，机器人需要学会分别向顺时针和逆时针方向以一定的速率转动；其次，它还要能在顺时针方向转动一段特定的时间后，"切换"到逆时针方向运动，反之亦然。

我们已经掌握了机器人双轮差速运动的诀窍。那么，只要学会对两个电机转动速度进行适当的控制，第一个条件就不难满足了。如果主控制器自己有计算时间能力，第二个条件也就自然实现了。

2. 先来走个圆圈

在面对一个比较复杂的任务时，往往可以先将问题简化，一步一步地完成。对于 8 字舞这个任务来说，可以先试着让机器人沿顺时针方向走一个完整的圆圈。注意：我们这节课还没有教同学们如何自如地控制机器人运动的方向。如果同学们在做实验的过程中发现机器人的运动和我们想要的结果不一样，比如，机器人向相反的方向转弯，或者干脆向前或向后直行。那么，大家可以试着交换一下电机的两根连接线，如图 3-3 所示。交换某个电机的连接线就等于让电机的转动方向反过来，可以解决这个问题。至于到底应该对左电机还是右电机进行这种操作，就请同学们根据实际现象自己分析吧！

图 3-4 是机器人走圆圈的示例程序。下面给同学们解释它的含义。

首先，C 语言中，两个"//"开头的内容叫作注释。在"//"后面可以写任何自己想要记录的内容，它是用来帮助我们记忆或者阅读程序的。在本书后面的课程中，示例程序里面经常会出现各种注释，它们是用来解释程序的非常重要的信息，请同学们仔细阅

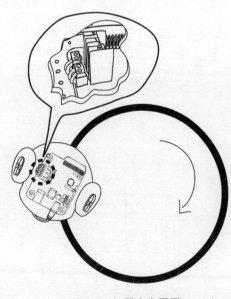

图 3-3　机器人走圆圈

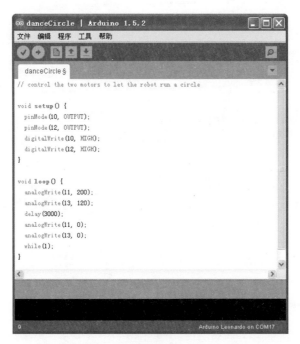

图 3-4　走圆圈程序示例

读。程序中的注释一般像下面这样。

　　//这是一句注释,它不是语句,也不需要语法。它不用分号来结尾

　　其次,在 C 语言的程序里,左右大括号中的部分,每一句都是一个程序语句,它们都以分号";"结尾。我们在这节课中先不去深究这些语句到底是什么意思,而是看一看几个重点的语句,它们直接实现了我们任务。

　　同学们先来看看下面这个语句,它所做的工作就是让机器人的左电机以 200 的速率值转动。注意,这里的"200"并没有单位,因为电机的实际运行速度与电池电压、机器人重量、地面摩擦力等诸多因素都有关联。

```
analogWrite(11, 200);
```

　　接下来这个语句会让右电机以 120 的速率转动:

```
analogWrite(13, 120);
```

　　当这两个语句放到一起执行时会发生什么呢? 显然,双轮差速机器人向前运动时,如果左轮快,右轮慢,它就会顺时针地转动了。

　　注意:analogWrite 语句的第二个参数决定了电机的转动速率,它的取值范围是 0～255,不过一般这个数字小于 50 的时候,电机的力量就会不足,机器人也就运动不起来了。

　　再来看下面这条语句:

```
delay(3000);
```

　　在上节课的拓展活动中已经对它的作用进行了研究。同学们可能已经猜到了 delay

的作用,它所做的事情就是让主控制器什么也不做地等待一段时间。在这段时间内,电机还是会以在 delay 之前所设定好的速度运行。delay 语句是以毫秒为单位,而 3000 这个数字就代表了 3 秒钟的时间。当这 3 秒钟等待时间一结束,马上就改变电机的转动速度为 0,这时机器人就停下来了。这样,如果认真调整程序中 200、120、3000 这 3 个参数的大小,机器人就能走出完美的圆圈了。

同理,请同学们试试写一个让机器人向逆时针方向转动一个圆圈的程序。

3. 实现 8 字舞

前面说过让机器人学会跳 8 字舞,需要满足两个条件:顺时针和逆时针的转圆圈运动;计时切换的功能。把我们对电机速度的控制和对 delay 延时语句的运用结合起来,这两个条件就能达到了。下面就来试试让机器人跳 8 字舞的完整智能程序。

注意:图 3-5 中的示例程序是不能直接执行的。其中的 a、b、c、d、e、f 代表需要同学们自己调节的参数。请大家通过实验找到合适的数字,并代替它们。

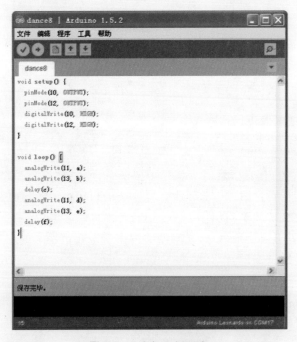

图 3-5　8 字舞示例程序

实验活动　机器人跳 8 字舞

实验器材

• 组装好的小机器人;
• 计算机及软件编程环境;
• USB 下载线。

实验步骤

I. 顺时针圆圈

将图 3-4 中的程序输入到 Arduino 的集成编程环境中并保存。然后,按照上节课中的步骤,将程序下载到机器人的主控器中执行。如果这时机器人并没有沿顺时针方向走出一个完整的圆圈,就要用实验的方式对这 3 个重要参数进行调节,直到找到最佳的参数组合为止。

2. 逆时针圆圈

和第 1 步类似,通过改写程序,让机器人走一个完整的逆时针方向圆圈。

3. 8 字舞

将第 1 步和第 2 步的程序合并到一起,就是一段类似图 3-5 中的程序。机器人此时就应该能跳出完美的 8 字舞了!

请同学们将最终程序的参数填入表 3-1 所列的表格中,并粗略估计圆圈的半径。

表 3-1　**程序的参数**　　　　　　　　　　　　　　　　　　cm

参数	a	b	c	d	e	f
数值						

拓展活动　大小不同的 8 字舞

在上面的实验中,我们已经掌握了调节机器人运动参数的诀窍。下面请同学们继续进行实验,实现几个圆圈半径大小和原来不同的 8 字舞,并把参数填入表 3-2 至表 3-4 中。

表 3-2　**参数列表 1**　　　　　　　　　　　　　　　　　　cm

参数	a	b	c	d	e	f
数值						

表 3-3　**参数列表 2**　　　　　　　　　　　　　　　　　　cm

参数	a	b	c	d	e	f
数值						

表 3-4　**参数列表 3**　　　　　　　　　　　　　　　　　　cm

参数	a	b	c	d	e	f
数值						

圆弧和参数

做了这么多实验后,同学们能否思考并总结一下,试着找出机器人转动的圆弧大小和各个参数之间的关系呢? 请把你的想法写在下面。

第四课　为机器人装上车灯

在前面的课程中,同学们已经让机器人完成了几个有趣的任务。大家对在计算机中编写程序并且将程序下载到机器人的主控制器中的操作应该很熟悉了。但这些程序的内部原理是什么呢? 如果让我们自己编写一段程序,又应该如何着手呢? 本节课就来具体看一看 Arduino 中的程序有怎样的大致结构。

本节课我们还要给机器人装上车灯,这样当它跳起 8 字舞时就可以像汽车一样用转向灯指示转弯的方向了。

完成本课的任务后,同学们应该已经掌握了 Arduino 的程序框架,并且能够熟练地使用 digitalWrite 命令操控 LED 小灯模块了。

一、开始编写 Arduino 程序

1. 永不停歇的 Arduino

在为 Arduino 编写程序时,同学们很快就会发现,所有的程序里都有两个相同的名字出现。其中一个叫 setup,而另一个叫 loop。它们的大致样子如下:

```
void setup(){
    //在这里添加你的初始化语句,它们只在程序开始时被执行一次
}
void loop(){
    //在这里添加你的主程序语句,它们会被不停地一遍遍执行
}
```

这两个名字是所有 Arduino 程序中最重要的组成部分,同学们以后会把很多程序语句都写到 setup 和 loop 后面的大括号里。

它们完成的功能是完全不同的,其中 setup 担负所有的系统初始化重任。初始化是指在编写的主程序正式开始执行前,我们总是希望让控制器做好的一些准备工作。而这些准备工作一般只做一次就好啦!所以,setup 中的内容会在程序的一开始就被执行,但只是执行一次。

loop 中的内容是同学们要写的主程序代码,它们是真正完成我们所要求的任务的。除非断开电源或者单击"重置"按钮,主控制器中的 Arduino 程序在开始运行后就不会停止也不会退出。它总是先执行 setup 中的初始化命令,然后就开始永不停歇地一遍遍执行 loop 中的内容。

细心的同学也许早就发现了,在 8 字舞程序中,我们只是将令机器人顺时针方向转动和逆时针方向转动的语句各写了一遍,但是在实际中机器人却是在一圈一圈不停地跳舞的。这就是 loop 的作用,因为它里面的内容会被机器人不停地一遍遍执行下去。

2. digitalWrite 命令

digitalWrite 是 Arduino 的程序里最常使用的功能,同学们回想一下上节课的内容,这个命令已经在程序中出现过。这节课中就来看看它究竟有什么用,学会这个命令的用法,同学们就可以让机器人的车灯闪亮了。

digitalWrite 的作用就像是一个开关,我们通过它将连接到主控器的一个设备开启或者断开。那么如果连接的是一个小灯,自然就是点亮或者熄灭它了。这个命令的用法如下:

```
digitalWrite(3, HIGH);
```

其中,3 代表了我们想去控制的设备所在的端口号,它可以是 0～13 中的任意一个。而 HIGH 代表我们要开启设备,如果是想断开设备就要写 LOW 了。

二、使用机器人的扩展板

机器人套件里形形色色的传感器和执行器是如何连接到主控制器上的呢？大家拿出主控器，可以看到它的上面有很多金属插针，对应于图 4-1 中数字输入/输出端口、模拟输入端口的位置，这些插针是我们连接所有传感器、执行器的插口。

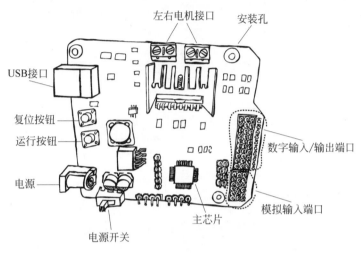

图 4-1 主控制器

请同学们不要被这一大堆插针吓倒，我们的主控制器可以用这些插针和各种传感器或执行器共同工作。但是，在讲到这些插针的具体含义之前，还可以用一种更加简单的方式做同样的事情。图 4-2 是我们为机器人配备的扩展接线板。将它和主控制器插到一起后，就能很方便地用灰色的 RJ11 线连接各种传感器和执行器，而不用担心线路连错或连反。

这种简单的方法不是没有代价的，因为扩展板占用的空间更大，所以提供的接口就少了很多。它上面只有 D2、D3、D5、D6、A0、A1、A2和 A3 共 8 个端口的位置（见图 4-3）。不过，对于本书前半段的工作，这些端口已经足够用了。

本节课我们又要用到已经熟悉了的 LED小灯模块，我们用一根灰色的连接线把它和主控器连起来。连接时如果听到"咔嚓"一声轻响，就代表连接成功。机器人的连接如图 4-4所示。

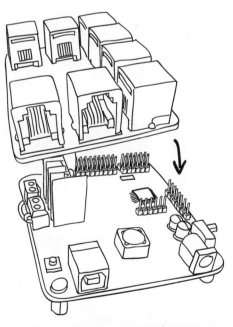

图 4-2 扩展板和主控制器的连接

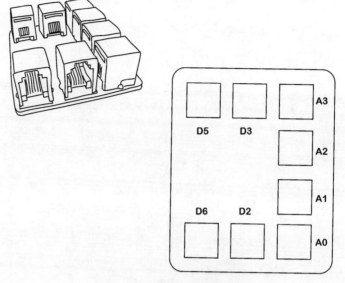

D5 D3 A3

A2

D6 D2 A1

A0

图 4-3 扩展接线板所提供的端口

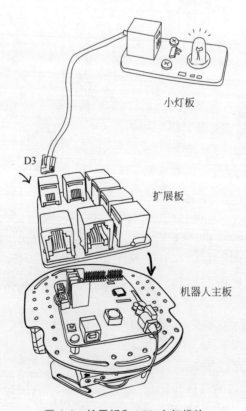

小灯板

D3

扩展板

机器人主板

图 4-4 扩展板和 LED 小灯模块

实验活动 为机器人安上转向灯

在本节课的实验中，我们要在上节课 8 字舞机器人的基础上对机器人进行改装，为它装上左右转向灯。装了转向灯的机器人，在跳 8 字舞时就可以用灯光指示方向了。当它沿顺时针方向转动时，智能程序会将右灯点亮；沿逆时针方向转动时，则将左灯点亮，如图 4-5 所示。

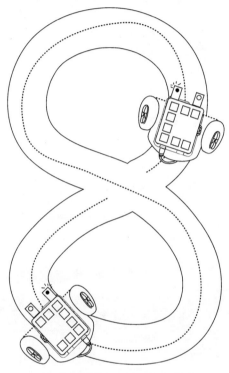

图 4-5 带转向灯的跳舞机器人

实验器材

- 已经组装好的机器人；
- USB 连接线；
- 个人计算机；
- 主控器及扩展板；
- LED 小灯模块两个。

实验步骤

1. 连接机器人

将机器人、扩展板和小灯模块连接好，将右转向灯连接 D5 号口，左转向灯连接 D3 号口，如图 4-6 所示。

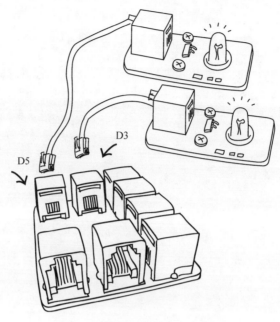

图 4-6　连接到扩展板的两个转向灯

2. 编写程序

然后,请同学们将图 4-7 中的程序输入计算机并保存。

```
void setup() {
  pinMode(3, OUTPUT);
  pinMode(5, OUTPUT);
  pinMode(10, OUTPUT);
  pinMode(12, OUTPUT);
  digitalWrite(10, HIGH);
  digitalWrite(12, HIGH);
}

void loop() {
  digitalWrite(3, LOW);
  digitalWrite(5, HIGH);
  analogWrite(11, 200);
  analogWrite(13, 120);
  delay(2000);
  digitalWrite(3, HIGH);
  digitalWrite(5, LOW);
  analogWrite(11, 120);
  analogWrite(13, 200);
  delay(2000);
}
```

图 4-7　带转向灯的跳舞机器人示例程序

下面为代码中让转向灯亮灭的语句：

```
digitalWrite(3, LOW);
digitalWrite(5, HIGH);
analogWrite(11, 200);
analogWrite(13, 120);
```

这 4 条语句会让连接 5 号口的右转向灯点亮，左转向灯熄灭，同时机器人向右转弯（顺时针转圆圈）。

```
digitalWrite(3, HIGH);
digitalWrite(5, LOW);
analogWrite(11, 120);
analogWrite(13, 200);
```

相应地，这 4 条语句是让右灯熄灭，左灯点亮，同时机器人向左转弯（逆时针转方向圆圈）了。

3. 下载程序，观察现象

现在，我们将机器人连接到计算机上，然后按照我们已经熟悉了的操作步骤编译和下载程序，并且观察跳 8 字舞机器人的运行状况，转向灯是否已经在跳 8 字舞的同时正确亮起了呢？

拓展活动一　闪烁的转向灯

马路上的机动车在转弯时，转弯灯会一闪一闪地闪烁。那么同学们能否改写上面的程序，让我们的小机器人的转向灯也在转弯时以一定的频率闪烁呢？请写出你改写的思路，并用实验验证。

_____

_____

_____

_____

_____

拓展活动二　会鸣笛的机器人

蜂鸣器模块是和 LED 小灯模块类似的机器人执行器设备，它的外观如图 4-8 所示。顾名思义，蜂鸣器模块的作用就是发出鸣叫声。它的控制和对 LED 小灯模块的控制非常相似，可以同样用 digitalWrite 命令让蜂鸣器模块发出鸣叫。

现在请同学们试一试在机器人上安装一个蜂鸣器模块当作喇叭，让小车在每次转向时发出半秒钟的鸣笛声。

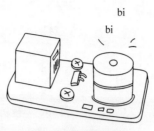

图 4-8　蜂鸣器模块

知识拓展　二　进　制

同学们应该听说过计算机是用二进制来存储和计算的。什么是二进制呢？我们以前数学课上进行的计算都是以十进制为基础的,十进制是逢十进位,它只有从"0"~"9"的10 个数字符号。而二进制,顾名思义是逢二进位的。显然,二进制中就只存在有"0"和"1"两个数字符号了。

十进制数字和二进制数字都只是数字的表达方式而已,它们是可以相互转换的。比如,大家可以马上用笔计算一下十进制数字 7,如果写成二进制数字是多少？没错,答案就是 111 了。这里,我们给同学们留一道课后作业,请同学们自己在课后去学习如何在十进制和二进制间进行转换计算吧！

为什么绝大多数的计算机都是采用二进制表示数字呢？其中最重要的原因就是计算机终究是要依赖物理量来进行计算和存储,而二进制的物理表示是最简洁的。任何容易相互区分的两种状态的物理量都可以用来表示二进制数字,比如电压的高低、磁极的正反。

同学们可能会追问,这么说在计算机的眼睛里就只有 0 或 1 这么简单的两种数字,就好像是一个只有黑或白的世界。可是如果计算机内部的世界如此简单,我们在电脑上看电影、打游戏的时候那些精美的画面是怎么表示的呢？答案就藏在现代计算机强大的计算能力上,那些精美图画是由上百万个我们肉眼无法分辨的小点组成的,而其中每个点的颜色又可能是由好几十位的二进制数字表示的。大家可以想象一下画出一幅美丽图画的计算量有多大了吧？同样,在计算机之间进行通信时,各种信息也是被编写成了由"0"和"1"组成的多位编码,这些数字编码可以以每秒钟几百万、几千万位的速度进行传输。这样,无论多么复杂的信息也都可以在网络中被人们浏览、共享了。

简单地说,二进制这种最简洁的数字表示方法就是计算机强大的计算能力和超快运行速度的最佳伙伴。

第五课　带触角的机器人

　　同学们观察过带触角的爬虫吗？当前进路线上有障碍物存在时，它们往往会用灵活的触角探测出障碍物的位置，然后及时地调整前进路线绕开障碍。触角对于昆虫来说就是一种非常实用的传感器。这节课我们教同学们如何用微触开关模块作为传感器，为机器人装上触角。这节课的实验中我们的小机器人将会学会如何做自动避障的运动。

　　对于信息技术来说，输入和输出是非常重要的概念。在前面的课程里已经用到主控制器的输出功能，这节课我们还将要学会使用它的输入功能。这样，各种各样的传感器今后就都可以为我们所用了。

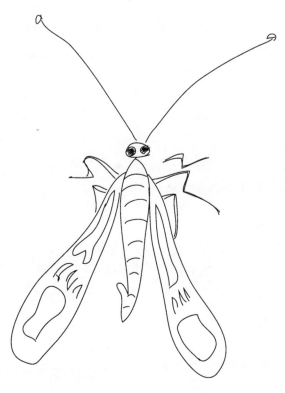

一、微触开关传感器

如果同学们问能想到的最简单的传感器是什么,我一定会回答是微触开关,如图 5-1 所示。其实它和我们生活中常常见到的开关没有太大区别。微触开关也只有"开"和"闭"两种不同的状态,不过它对于触碰是非常敏感的,只要稍微碰到一点点,开关就会合上。如果把它连接到主控制器,用程序就能很准确地检测到它的开闭变化了。同学们想想看,它是不是和昆虫的触角很像呢? 我们这节课就要用两个微触开关传感器来模拟昆虫触角的功能。

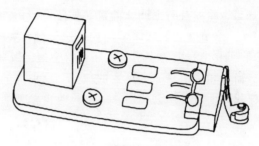

图 5-1 微触开关传感器

二、输入和输出

对于机器人来说,微触开关就是一个输入器件。究竟什么是输入,什么是输出呢? 我们怎么利用主控制器的输入和输出功能呢? 其实这个概念非常简单,如果将主控制器的一个端口连接到传感器,它就是被作为一个输入端口在使用,因为我们要利用传感器读入关于环境的信息。而反之,如果将端口连接到执行器,比如一个 LED 小灯模块或一个蜂鸣器模块,那么它就变成了一个输出端口,因为我们是用输出信息去控制执行器执行一些动作。

在 Arduino 主控制器中,每个端口都既可以用作输入端口又可以用作输出端口,同学们需要在使用时根据实际用途将它们设置为适当的方向。这时就要看到前面课程中已经见到过的一个"熟面孔"——pinMode 命令,它的用法如下:

```
pinMode(3, INPUT);
pinMode(5, OUTPUT);
```

当我们这样使用 pinMode 命令时,编号为 3 号的端口变成输入模式,之后就能使用上面连接的传感器了。5 号端口则变成输出模式,如果要操纵的是 LED 小灯或蜂鸣器之类的执行模块,就一定要记得将端口设置为输出模式。

一般地,我们在编写程序时只需要设置一次端口的方向就够了。请同学们回想一下 Arduino 的程序结构,pinMode 这个命令最适合出现的地点是不是 setup 中呢?

三、微触开关的状态

假设将微触开关连接到 3 号端口,并用 pinMode 命令将端口设置成输入方向。那么在后面的程序中,当需要知道微触开关的开闭状态时,只要用 digitalRead 命令就可以很方便地读取微触开关的值了,这个命令的用法如下:

```
int value=digitalRead(3);
```

我们这样使用这条命令,就能够得到在第 3 号端口上的状态,它是一个值为 HIGH 或者 LOW 的数字。如果微触开关的状态是闭合的,使用 digitalRead 命令得到的就是一个 LOW;反之则得到 HIGH。这样,我们只要判断一下 digitalRead 的返回值就知道开关的状态了。在这本书中,用到的所有开关类型的传感器都可以用这样的方法读取它们的状态。

四、用条件语句让机器人更智能

前几节课中我们编写的程序都是那种最简单的"面条型"程序,也就是其中的每个语句都会被顺序执行。而为小机器人编写智能程序时,肯定希望在某种条件下机器人做某件事情,在另一种条件下机器人去做另一种事情。那么如何让机器人做到这一点呢?这就需要用到 C 语言中最常用的语句——条件语句了。条件语句由 if 关键字、else 关键字和条件表达式组成。

我们先来看看什么是条件表达式。简单地说,条件表达式是一个结果值只可能为"真"(true)或"假"(false)的计算式。它们可以分为两种:一种叫关系运算;另一种叫逻辑运算。关系运算主要用来判断值的大小关系,比如判断 a 和 b 是否相等,或是判断 c 和 d 谁大谁小。而使用逻辑运算可以把几个关系运算连接起来,表达更复杂的逻辑,比如,"a 大于 b,而且 c 大于 d"这个式子是真还是假? 我们把最常用的这类运算总结在表 5-1 和表 5-2 中。

表 5-1 **关系运算**

关系运算符	含 义	注 释
==	等于	用于检验两个值是否相等。 如布尔运算 3==4 的值显然就是假(false)的
<=	小于等于	如 5<=6 的值为真(true)
>=	大于等于	如 5>=6 的值为假(false)
<	小于	略
>	大于	略
!=	不等于	如 5!=6 的值为真(true)

注意:关系运算中判断相等关系的符号是两个等号"=="。这是初学者常会出错的地方,一个等号是代表赋值,两个等号才是关系运算。

机器人的天空——基于 Arduino 的机器人制作

表 5-2 逻辑运算

逻辑运算符	含义	注 释
&&	与运算	如 A&&B A 和 B 可以是关系运算也可以是"真"(true)或"假"(false)的值,只有在它们都 为真的时候,A && B 的值才是 true,否则就是 false
||	或运算	如 A||B A 和 B 可以是关系运算也可以是"真"(true)或"假"(false)的值,只有在它们都 为 false 的时候,A || B 的值才是 false,否则就是 true
!	非运算	如! A A 的值是 true 时,! A 就是 false。 相反,A 为 false 时,! A 就是 true

知道了条件表达式的用法,学会条件语句就没有任何困难了。下面是条件语句最常用的几种用法。

```
if (条件表达式){
    语句;                        //在这里写条件满足时执行的语句
}
```

条件语句最简单的用法就像上面这样,在条件表达式的值为真时执行大括号中的语句,如果为假则直接跳过执行大括号后面的部分。

注意:上面的内容中用"语句;"代替的大括号内的部分是可以包含多条语句的。

```
if(条件表达式){
    语句 1;                      //在这里写条件满足时执行的语句
}else {
    语句 2;                      //在这里写条件不满足时执行的语句
}
```

这种用法下,如果条件表达式得到满足,就执行语句 1;否则执行语句 2。

```
if(条件表达式 1){
    语句 1;                      //在这里写条件 1 满足时执行的语句
}else if(条件表达式 2){
    语句 2;                      //在这里写条件 1 不满足但条件 2 满足时执行的语句
}else{
    语句 3;                      //在这里写所有条件均不满足时执行的语句
}
```

上面这种用法有两个条件表达式,我们的程序会先判断第一个表达式是否满足,如果第一个条件是 true 就执行语句 1;否则判断第 2 个条件,如果是 true 就执行语句 2,是 false 则执行语句 3。记住如果还有多个条件需要判断,还可以再去增加更多的 else if。

实验活动 带触角的自动避障机器人

在本实验中,我们用 2 只微触开关传感器给机器人装上触角吧,这样它就能够模仿昆虫的行为自由避障了,如图 5-2 所示。

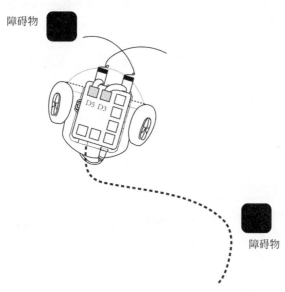

图 5-2 自动避障机器人

实验器材

- 已经组装好的机器人；
- 主控制器及扩展连接板；
- 微触开关传感器模块 2 块；
- 细铁丝 2 段。

实验步骤

1. 连接机器人

将机器人、扩展板和小灯模块连接好，左边的微触开关连接 5 号口，右边的微触开关连接 3 号口。然后用胶条或 502 胶将两根铁丝分别小心地绑定到左、右的微触开关上（见图 5-2），这样微触开关传感器的感知范围就大大地扩大了。

2. 编写程序

为了让机器人自动避障，智能程序要随时读取左右触须的传感器开关状态，然后根据这个状态对机器人的运动做出调整。如果右触须碰到了障碍物，就向左转弯绕过它；如果左触须碰到障碍，就向右转弯。根据这个思路，我们就可以开始编程了。请同学们自己编写一段实现上述功能的程序,并和下面的示例程序对比,看看思路是否一致。

注意:同学们需要在实验中对机器人的运动速度参数进行调节。

```
void setup(){
    pinMode(3, INPUT);              //左触须连接 3 号端口
    pinMode(5, INPUT);              //右触须连接 5 号端口
    pinMode(10, OUTPUT);            //左电机向正方向转动
    digitalWrite(10, HIGH);
    pinMode(12, OUTPUT);            //右电机向正方向转动
    digitalWrite(12, HIGH);
}

void loop(){
    if(digitalRead(3)==HIGH){       //如果左触须碰到障碍,向右转弯
        analogWrite(11, 200);
        analogWrite(13, 120);
    }else if(digitalRead(5)==HIGH){ //如果右触须碰到障碍,向左转弯
        analogWrite(11, 120);
        analogWrite(13, 200);
    }else {                         //否则,向前直行
        analogWrite(11, 150);
        analogWrite(13, 150);
    }
    delay(100);                     //延时 100ms
}
```

3. 下载程序,观察现象

现在将机器人连接到电脑上,然后按照我们已经熟悉了的操作步骤,编译和下载程序,机器人应该可以很好地躲避障碍物了。

有时会发现上面的程序有一个问题,如果机器人正好朝障碍物方向行进,障碍物会卡在两根触须之间,让机器人难以脱身。如果出现这种问题,应该怎样改写上面的程序解决它呢?

提示:如果两根触须都碰到了障碍物,可以让机器人先后退一步再转身。

拓展活动 机器人综合训练

细数一下,到目前为止,我们已经学会了控制机器人的运动、用程序控制 LED 小灯模块或蜂鸣器模块、用微触开关让机器人学会避障等。现在就让我们把这些内容综合起来看看能做些什么吧!请同学们像图 5-3 中所示的那样连接一个更像昆虫的避障机器人。当它在行进时碰到障碍,会发出"哔哔"的叫声,同时用左右灯指示障碍物的所在方位,然后它会转开一个角度向另一个方向前进。同学们想一想该如何综合前面学过的内容完成这个挑战项目?

另外,我们观察到当避障机器人遇到障碍时总是转开一个固定的角度,这样的行为模式可和自然界中的昆虫相差很大。同学们想一想,能不能用某种方法让机器人每次转动

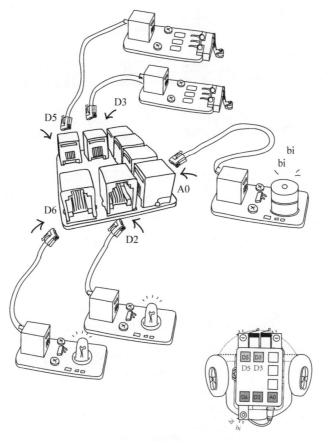

图 5-3　**发声发光的昆虫机器人**

的角度不太一样呢？写出你的解决方案：

_____

_____

_____

_____

_____

_____

　　提示：用 C 语言中的 random 命令可以每次得到一个不同大小的整数值，请同学们自己查阅 random 的具体用法（附录中有简单说明）。

第六课　为机器人装上眼睛

在给机器人装上"触角"后,本节课将再试着为机器人装上"眼睛"。这里所说的眼睛是一种俗称为"巡线传感器"的模块,它的学名叫作地面灰度检测传感器。灰度指的就是物体黑白的程度,顾名思义,有了这种传感器的帮助,机器人就能够分辨出地面是深色还是浅色了。因此,如果在浅色的地面上有一条黑线,机器人就能够随时感知自己是身处黑色地面上还是浅色地面上。利用这些信息,再加上一段智能程序,我们的机器人就可以掌握一项新的技能——沿着黑线指示的方向前进了。

本节课中,我们不仅掌握地面灰度检测传感器的原理,还要学会如何用它获得地面的灰度信息,这就涉及了 Arduino 中另一条非常有用的命令——analogRead。我们可以把传感器大致分成数字(开关)传感器和模拟传感器两种,上节课学到的 digitalRead 命令是专门用于读取数字(开关)传感器状态的,而这节课的 analogRead 命令则是专门用于模拟传感器的。学会了这两个命令,对以后遇到的大部分简单传感器就不会为难了。

一、地面灰度检测传感器

地面灰度检测传感器就是像图 6-1 所示的小模块,机器人爱好者们往往在机器人的底盘上装上它,让机器人能够循着一根铺设在白色地板上的黑线前进,所以它也常常被俗称为"巡线"传感器。它由一个 LED 小灯和一个光敏电阻组成。它的工作原理是这样的:LED 小灯会为传感器提供一个持续、稳定的光源,它发出的光线被地面反射后并被光敏电阻检测到。地面的颜色越浅,就会有越多的光线被反射到光敏电阻,越深则越多的光线被地面吸收。光线强度的变化就会使光敏

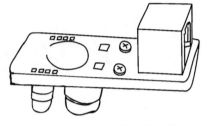

图 6-1　**地面灰度检测传感器**

电阻的阻值迅速发生变化,我们的传感器就是依赖这种信息来检测地面的灰度的。

二、开环和闭环

在前几节课的实验中我们已经对控制机器人的行走很有心得了。现在请同学们试着让机器人做这样一件简单的事情:向正前方或正后方走一段稍微长一点的距离。大家可能会认为这实在是太轻而易举了,可是如果真正试过,大家就会发现,这件事情并没有那么容易完成。机器人总是走不直,有时候我们明明通过调节两个电机的速度让机器人走得挺直了,可是运行了几次后,发现又有了偏差。这是什么原因造成的呢?

在为大家揭示这里面的科学道理之前,请同学们先做个小游戏,在地面上画上一条直线,然后分别睁开眼睛和蒙住眼睛沿着黑线走一次。大家一定会发现,当我们睁开眼睛时,可以很容易笔直地走在黑线上,而蒙住眼睛后就很难做到了。

其实,这个道理在机器人和我们人类之间是相通的,没有安装传感器的机器人就像是蒙住了眼睛的我们,即使是走一条直线这样简单的小任务都难以完成。

在科学术语中,这种控制没有传感器的机器人"盲走"的方法有个学名叫作"开环控制"(图 6-2)。这种方法就是靠"硬"把电机的控制命令写进程序而实现的,这样做是很简单,但是机器人动作的准确性就要受到很多的未知因素影响了,如电机的特性、电池的电量高低、地面是否平坦、摩擦系数有无变化、机器人自身的重量大小等。这些因素或者是很难测量,或者是随时间变化,我们是没有办法在程序中完全把它们考虑进去的。前面的实验中,我们让主控板向机器人的电机发出运动指令后,就不再去管它了,机器人到底走得多快、走了多远我们的程序一概不理会,这种方法就是典型的开环控制。我们已经知道了这样的机器人很不精确,也很不稳定,是没有办法完成稍微复杂一点的任务的。

而与这种方法相对的,就是"闭环控制"了。如果机器人可以利用各种各样的传感器,随时"感知"外界环境和自身的状态变化,这样我们编写的机器人控制程序只要根据这些状态的变化调整自己就可以让机器人更加可靠地完成任务了,这样的方法就是"闭环"的,因为控制指令和信息就像是走了一个封闭的圆环一样。

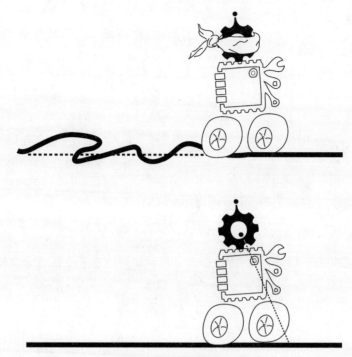

图 6-2　开环和闭环

　　比如说，如果机器人可以感知到两个轮子的准确转速，那么即使路面的摩擦系数发生了变化，或者机器人的重量发生变化，智能程序也可以随之调节速度命令让机器人还是按我们的期望运动。这就是用传感器感知机器人内部状态而实现的闭环控制。再比如，如果机器人能用刚刚讲到的地面灰度检测传感器"看"到地上的黑线，一旦开始走偏，智能程序就可以马上调节速度让自己回到黑线上。这是用传感器感知机器人外部状态而实现的闭环控制。这两种方法都能让机器人更加智能。

　　现在同学们了解了闭环控制相比开环控制的优势，应该更能体会到传感器对于机器人的重要性了。

三、用 analogRead 命令读取"巡线"传感器的值

　　上节课中用 digitalRead 命令读取了微触开关传感器的值，这种传感器只有开和闭两种不同的状态。而这节课中我们学习的地面灰度检测传感器就没有这么简单了。想想看，地面的颜色从白色到浅灰色到深灰色再到黑色，可能是有很多种不同变化的。我们的传感器需要将这些变化都忠实地反映出来，那么两种不同的状态就远远不够了。这时就要用到 analogRead 命令来读取这种有很多种状态变化的传感器的值了。analogRead 命令的用法如下：

```
int value=analogRead(A0);
```

　　使用这条命令就在 value 这个变量（关于变量的使用在后续课程中会讲到）中得到了

A0 端口上的传感器的读数。需要注意的是,在我们使用的 Arduino 控制器上只有在编号为 A0～A5 的 6 个端口上才可以使用 analogRead 这条命令。这条命令返回的值是一个范围从 0～1023 的整数,代表了 1024 种不同的传感器状态。如果地面灰度检测传感器处在浅色的地面上,那么这个数字就会比较接近于 0,反之如果它处在深色的地面上,这个数字则会比较接近于 1023。根据这些信息就可以判断机器人是否走在黑线之上了。

四、串口——机器人调试的利器

前几节课中,我们已经在实验中调节过机器人的速度参数了。在同学们对机器人进行调试的时候,可能常常会遇到这样的麻烦:机器人似乎不太听话,并没有完成我们想要它做的事情。我们非常想知道在机器人内部到底发生了什么? 传感器的数值是多少? 程序运行的情况如何? 只有知道了这些信息,才可以根据实际情况调整、修改程序。但是,运行在主控器上的程序就像是一个"黑盒子",我们根本看不到里面发生着什么,该怎么办呢?

聪明的同学们也许已经运用学过的知识进行了这样的尝试:为小机器人多加上几盏 LED 小灯模块,然后用不同小灯的点亮和熄灭作为"暗号"。当我们编写程序时,在不同的条件下点亮不同的小灯,这样我们就能够间接地观察到来自主控板内部的信息了。没错,这种办法是一种非常有效也很常见的机器人调试方法。同学们可以记住它,并且在所需观察的内部信息不太复杂的时候使用这种方法。

但是如果想知道更确切的信息,用这种打"暗号"的方式就有点不够用了。因为,它所能够提供的信息是非常有限的。比如,如果我们需要知道传感器检测到的模拟数值,用小灯就很难办了。这时,就要用到调试机器人的"利器":串行通信端口(简称串口)了。串口可以帮助我们实现主控板和个人计算机之间的通信。

在 C 语言中编写串口通信程序本来还是有些难度的,不过好在 Arduino 已经为我们准备了非常简单好用的命令,只要按照步骤调用少数几个命令,你就能轻松使用串口调试机器人了。

首先,需要打开串口。因为串口只需要被打开一次,所以通常这个动作是在 setup 中完成的。

接着,在主程序中就可以读取个人计算机通过串口传过来的数据,或是把主控制器需要传送的数据传到个人计算机中。比如,下面这段程序就演示了串口的使用,它可以不断地将 A0 端口上的模拟传感器数值传回到计算机中去。

注意:上面的 delay 命令是必不可少的;否则主控制器就会疯狂地不停发送数据。这时,就像公路堵车一样,计算机内来不及处理的数据就会"堵塞"起来,严重时还会造成死机。

在 Arduino 的编程环境中也提供了一个很好用的串口监视器,我们把主控制器与计算机连接,并选择"工具"→"串口监视器"菜单命令,就可以把它打开。之后,如图 6-3 所示,所有从主控制器传来的信息就能在窗口中自动滚动显现了。同时,我们可以填写信息,然后单击"发送"按钮把信息发送到主控制器上去。

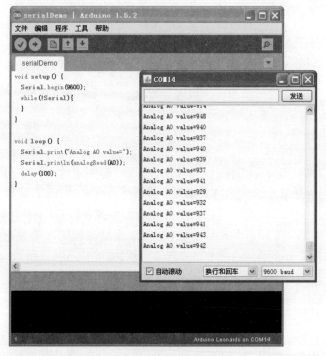

图 6-3　用串口监视器调试机器人

五、机器人电机控制小结

经过前几课的学习,同学们已经对电机的控制得心应手了。在我们所采用的主板上与电机控制相关的端口共有 4 个,分别是 10～13 端口。现将它们的功能总结于表 6-1 中。注意:表 6-1 中给出的只是一种可能的情况,具体的左、右电机或电机的向前/向后转动方向与各个端口值之间的对应关系是和接线相关的。如果实际现象和自己的预期不符合,那么可能需要检查一下程序和接线是否对应正确。

表 6-1　电机控制端口功能小结

端口号	取　值	功　能
10	LOW 或 HIGH,改变电机的转动方向。如果转动方向和自己的期望不同,可以通过改变电机接线来调整	左(右)电机的转动方向调节
11	0～255,值越低,代表电机的转速越低。如果值过低,则可能造成电机不能启动	左(右)电机的转动速度调节
12	LOW 或 HIGH,改变电机的转动方向。如果转动方向和自己的期望不同,可以通过改变电机接线来调整	右(左)电机的转动方向调节
13	0～255,值越低,代表电机的转速越低。如果值过低,则可能造成电机不能启动	右(左)电机的转动速度调节

实验活动　机器人巡逻兵

本节课的实验如图 6-4 所示,我们用黑色的胶带围成一块封闭的领地。机器人将在领地内部不停地巡逻,而一旦它走到了领地的黑色边界就要立刻转换方向了。

图 6-4　机器人巡逻兵

注意:机器人是一定不能走出自己领地的,出界的机器人将被判定任务失败。同学们能应用本节课学到的内容完成这个挑战吗?

实验器材

- 已经组装好的机器人;
- 计算机及软件编程环境;
- USB 下载线;
- 主控制器及扩展连接板;
- 地面灰度检测传感器模块 1 块;
- 黑色胶带 1 卷。

实验步骤

1. 连接机器人

首先像以往一样,将机器人、扩展板和地面灰度检测传感器模块连接好。其中,地面灰度检测传感器连接到 A0 号端口,如图 6-5 所示。

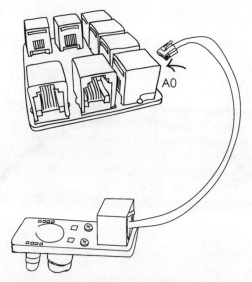

图 6-5　地面灰度检测传感器连接模拟端口

2. 调试灰度阈值

显然,在这个实验中需要用地面灰度检测传感器让机器人具备区分浅色领地与深色领地边界的能力。我们知道,当地面灰度检测传感器位于边界上方时,analogRead 命令会读到一个比较大的数值。可是,究竟多少数值以上才算深色,多少数值以下才算浅色呢? 这个问题并没有固定的答案,我们现在就来教会大家调试的方法,同学们需要自己动手去找出合适的数值。

① 首先用一段小程序让机器人把 A0 端口读到的数值通过串口传回到计算机中。

② 然后把传感器放到深色的边界正上方,并且从串口监视器中读到此时的大致读数,比如这时的读数大约在 648 上下浮动。

③ 我们再把传感器放到浅色的领地正上方,并且从串口监视器中读到另一个读数,比如这时的读数大约在 386 上下浮动。

④ 现在,我们就能够将灰度的阈值确定为$(648+386)/2=517$ 了。大于 517 时就认为传感器检测到了边界。

3. 编写和调试程序

想让机器人在领地内部巡逻,我们的程序需要读取地面灰度传感器的值,一旦发现机器人运动到边界上了,就马上让它转过一个角度,然后继续巡逻。根据这个思路,请同学们自己去编写或是参考下面的示例程序,去实现巡逻兵机器人吧!

```
void setup() {
    pinMode(10, OUTPUT);          //左电机向正方向转动
    digitalWrite(10, HIGH);
    pinMode(12, OUTPUT);          //右电机向正方向转动
    digitalWrite(12, HIGH);
    analogWrite(11, 150);          //左电机转速设为150
```

```
    analogWrite(13, 150);                     //右电机转速设为 150
}

void loop() {
    if (analogRead(A0)>517){                  //机器人运动到边界
        digitalWrite(10, LOW);                //左电机反转,右电机正转,原地转身
        delay(300);
    }
    digitalWrite(10, HIGH);                   //机器人继续前行
    delay(100);                               //延时 100ms
}
```

和上节课的拓展内容中相似,这里的巡逻兵机器人每次转身的方向、角度也都是一样的,这样的机器人未免有点太呆板了。还是请同学们对这个程序进行改进,用 random 函数为它增加一些随机性,让机器人的运动路线更加灵活吧!

提示:可以针对 delay(500)语句中的延时时间进行改进。

拓展活动　机器人短跑比赛

让我们用一场小型比赛来结束这节课的内容。请同学们分成小组来一场机器人的短跑比赛。比赛的场地很简单,只要在浅色的地面贴上一条黑色的胶带作为终点就可以了(图 6-6)。我们的任务就是让机器人以最快的速度冲刺到终点线并且停下来。

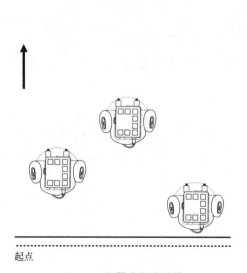

图 6-6　机器人短跑比赛

实际上,这个扩展任务中,机器人冲刺时只是使用了开环的"盲走"策略。而它的眼睛只有在看到终点线时才会起作用。同学们需要通过调节速度参数让机器人冲得既快

又直。

想想看,同学们有没有办法改变这个比赛的内容,让机器人利用我们学过的传感器发挥更多的智能呢? 详细说说你的比赛方案和机器人控制方案:

_____

_____

_____

_____

_____

提示:能否试试用某种方法做成跑道,让机器人能够使用学过的传感器检测到跑道的存在,并且沿着跑道进行比赛呢? 跑出赛道的机器人可是要直接判负的。

第七课　让机器人沿着黑线前进

　　掌握了"巡线"传感器的原理，当然就要让机器人学习巡线前进了。机器人巡线是智能机器人中最为基本的任务之一，很多青少年的机器人比赛中都要求机器人有巡线的能力。当然，巡线的方法从简单到复杂也有很多种，这节课就来学习其中最为简单的一种，即 zig-zag 巡线法，它只需要使用一只地面灰度传感器模块就能实现。

　　到目前为止，Arduino 中最重要的几个端口命令已经全部学过了，这节课就来对它们做一个总结，这样，大家就可以在以后的任务中就更加灵活地运用它们了。

一、巡线前进

智能巡线机器人所需的元器件并不太复杂,只需要一个传感器就能做出最简单的智能巡线机器人了。那么它的原理是什么呢?还是让我们用图来说明吧!如图 7-1 所示,在完成巡线任务的程序中,让小机器人每次检测到黑线的时候就立即向左转,而每当检测到白色地板的时候就立即向右转。这样机器人就会按照"之"字形的折线巡线前进了。用这种方法巡线有个好玩的英文名字,叫作 zig-zag,也可以称为"之"字形巡线法。

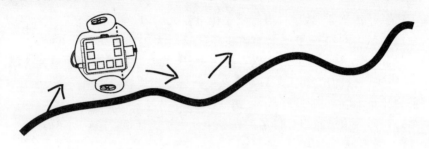

图 7-1 zig-zag"之"字巡线法

不过要注意的是,采用这种方法巡线的机器人,它的初始位置摆放可是有学问的。我们一定要保证在巡线开始时,机器人传感器的位置在靠近黑线的左侧或者正好在黑线上。这样做的原因是显然的,假设同学们一开始就把机器人放到线右边的地板上,由于编写的程序让机器人碰到白色地板就立刻往右转,因此它就只能原地打转了。

如果想要机器人传感器的初始位置在黑线的右边,程序应该怎么写呢?就请同学们自己去寻找答案吧!

二、端口命令

还记得我们已经学过的那些命令吗?digitalRead、digitalWrite、analogRead、analogWrite、pinMode、delay。它们构成了 Arduino 中最为重要、最为常用的功能,这里用表 7-1 对它们的功能和用法做个总结吧。

表 7-1 Arduino 常用函数小结

命 令	值 的 范 围	适用端口	用 法 说 明
digitalRead	HIGH/LOW 输入的取值范围是"高电平"(HIGH)或"低电平"(LOW)两种状态	所有端口	数字输入,用于读取开关型的数字传感器状态,比如微触开关传感器等
digitalWrite	HIGH/LOW 输出的取值范围是"高电平"(HIGH)或"低电平"(LOW)两种状态	所有端口	数字输出,用于控制开关型的驱动器,比如 LED 小灯、蜂鸣器等

续表

命　　令	值 的 范 围	适 用 端 口	用 法 说 明
analogRead	0～1023。输入模拟值的范围是0～1023 的整数	A0～A5 端口	模拟输入,用于读取模拟传感器的值,比如光感传感器、地面灰度检测传感器等
analogWrite	0～255 输出值的范围是 0～255 的整数	标有 PWM 功能的端口	模拟输出,用于控制小灯的明暗、电机的转速等
pinMode	INPUT/OUTPUT	所有端口	一般在 setup 中调用,将某个端口设置为数字输入(INPUT)功能或者数字输出(OUTPUT)功能
delay	一个合理大小的整数		令主控板"休眠"一段时间

三、视觉暂留现象和亮度可变的小灯

大家知道我们是如何看到动画片的吗? 其实动画片是一幅一幅画面按顺序播放的,但是看起来却是连续的画面,完全感觉不到画幅的切换,如图 7-2 所示。这是因为当电影画面的光线进入眼睛时就会在眼睛的感光细胞上产生一段时间(0.1s 左右)的残留,即使这时外界的光线消失了,还依然会感觉到它的存在。这种现象就是视觉暂留现象或是"余辉效应"。据说,这种现象是最先被我们中国人发现的,在宋代时就已经有了走马灯,它就是利用了视觉暂留的原理。

图 7-2　动画片的播放原理

为什么要提起视觉暂留现象呢? 因为它和马上要做的实验有着密切的关系。还记得我们在课程的一开始就做过的会闪烁的小灯的实验吗? 在那个程序中小灯每次点亮和熄灭的间隔时间都是 1s,接着在第一课的拓展活动中曾经让同学们试着改变小灯亮灭的时间。现在,再来亲手重新做一遍这个实验。比如,先把小灯亮灭的时间各自设定为 20ms,然后观察发生了什么。接着再将它们缩小为 5ms,看看又发生了什么。同学们是不是发现小灯的闪烁逐渐消失而变成了一个恒定的亮度呢? 这就是视觉暂留现象活生生的例子。进一步地,如果我们让小灯点亮的时间和熄灭的时间不同,看看效果会有何不同呢?比如,分别进行以下的两次实验。

实验一：令小灯 2/3 时间点亮，1/3 时间熄灭

```
//代码片段 1
digitalWrite(led, HIGH);              //将灯点亮
delay(8);                             //等待 8ms
digitalWrite(led, LOW);               //将灯熄灭
delay(4);                             //等待 4ms
```

实验二：令小灯 1/3 时间点亮，2/3 时间熄灭

```
//代码片段 2
digitalWrite(led, HIGH);              //将灯点亮
delay(4);                             //等待 4ms
digitalWrite(led, LOW);               //将灯熄灭
delay(8);                             //等待 8ms
```

同学们是不是发现第一次实验中的小灯比第二次要亮很多呢？它们的不同就在于，在第 1 次实验中，每次小灯点亮 8ms 然后熄灭 4ms，而在第 2 次实验中，小灯每次点亮 4ms 而熄灭 8ms。这样看它们亮度不同的原因就很明显的了，因为第 1 次实验中小灯点亮的时间是第 2 次的整整 2 倍。上面这些实验和现象就揭示了我们所使用的模拟输出端口背后的原理。

四、探寻模拟输出端口背后的秘密

主控器上的模拟输出功能是用一种叫作脉冲宽度调制（Pulse Width Modulation，PWM）的技术实现的，它在本质上就是刚刚做的小灯实验的翻版。在这里，小灯点亮与熄灭时间的比例称为占空比，PWM 技术的原理可以从图 7-3 中看得很清楚。

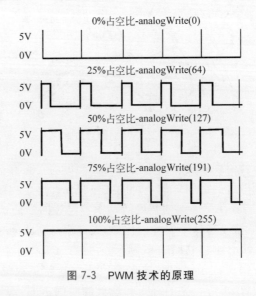

图 7-3　PWM 技术的原理

PWM 技术的本质实际上是用数字输出端口"假扮"成了模拟输出端口的功能。大家

知道主控板中的数字输出端口就像是一个开关,当输出 HIGH 的时候开关闭合,输出 LOW 的时候开关断开。而 PWM 技术的本质就是在很短的时间周期内(想一想视觉暂留)让端口以一定的占空比闭合、断开而已。应用这种技术,除了可以控制小灯的明暗外,还可以自由地驱动电机的转动。想一想,PWM 技术的占空比不同时,小灯的明暗变化是不是就对应着电机的转速变化呢? 大家现在明白模拟输出端口背后的秘密了吗?

实验活动　沿着黑线前进

讲了这么多原理,同学们恐怕已经迫不及待地想应用它们让机器人实现巡线功能了,下面就来进入实验环节。

实验器材

- 已经组装好的机器人;
- 计算机及软件编程环境;
- USB 下载线;
- 主控制器及扩展连接板;
- 地面灰度检测传感器模块 1 块;
- 黑色胶带 1 卷。

实验步骤

1. 连接机器人

这次实验中,机器人的连接和上节课完全一样,只要将一个地面灰度检测传感器连接到主控板的 A0 端口上即可。

2. 调试灰度阈值

每次进行实验时,地面的颜色、环境的光线都可能发生变化,所以比较稳妥的方式是每次都像上一节课学过的那样,通过实验确定机器人巡线的灰度阈值。

3. 编写和调试程序

再来重温一下让机器人巡线前进的编程思路。每次传感器"看"到黑线,就应该让左轮放慢,右轮加快,机器人向左转弯。而每次传感器"看"到白色地面,就让右轮放慢,左轮加快,机器人向右转弯。在这两种动作之间,我们则让主控器"休息"一小会儿,给电机充分的作用时间。根据这个思路,请同学们自己编写或是参考下面的示例程序,实现巡逻兵机器人。

```
void setup(){
    pinMode(10, OUTPUT);          //左电机向正方向转动
    digitalWrite(10, HIGH);
    pinMode(12, OUTPUT);          //右电机向正方向转动
    digitalWrite(12, HIGH);
}
```

```
void loop(){
    if(analogRead(A0)>517){        //机器人检测到黑线,517为灰度阈值
        analogWrite(11, 180);      //PWM技术控制电机速度,左慢右快向左转弯
        analogWrite(13, 120);
    }else{
        analogWrite(11, 120);      //PWM技术控制电机速度,左快右慢向右转弯
        analogWrite(13, 180);
    }
    delay(100);                     //延时100ms
}
```

┌拓展活动　机器人追逐赛

同学们想必都已经调试出能够沿着黑线运动的机器人了,但是根据同学们的程序中为它选择参数的不同,机器人巡线时的表现可能有很大差异。让我们比一比,谁的机器人跑得最快。

用黑色胶带制作一条环形跑道,如图 7-4 所示。然后,让两个机器人分别从场地相对的位置开始朝同一方向巡线跑(都走黑线的内圈),看哪个机器人能追上对手。当然,如果你的机器人离开了黑线就会被直接判定为负了。

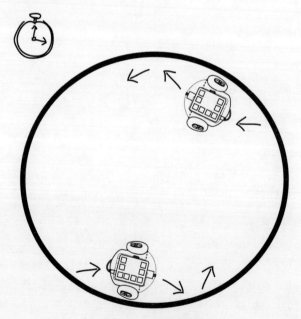

图 7-4　巡线追逐赛

同学一开始选择的是走内圈的比赛,现在让我们再来修改程序,令机器人都去走黑线的外圈,再来一轮竞赛,看看这次你的名次进步了吗?

第八课　让机器人跑得又快又稳

上节课中我们的机器人已经能够用走"之"字形的 zig-zag 方法巡线前进了。但是,同学们是否发现,这样走路的机器人速度总是很慢。而且,有时如果提高了机器人的运动速度,还会出现巡线失败的情况。这主要是因为,机器人是一直在走折线的,即使所巡的黑线是一条笔直的直线,机器人还是要不停地走"之"字折线,因此走了很多冤枉路。

那么如何能让机器人在巡线运动时跑得又快又稳呢? 这节课就来学习应用多个地面灰度检测传感器的机器人巡线方法。这节课上完后,来看看谁的机器人能够跑得最快最稳。

一、用两个传感器巡线

同学们可以仔细想一想,我们用"之"字形巡线法时,机器人是用什么作为巡线依据的。实际上,它是在沿着黑线的左边缘或是右边缘前进的。这也难怪,因为只有一个传感器。但如果有两个巡线传感器,能够怎样改进巡线方法,让机器人更快前进呢?

可以这样做:将两个巡线传感器分开一点距离(大于线的宽度)安装在机器人的底盘上,开始巡线的时候令黑线正好从两个巡线传感器之间穿过,如图 8-1 所示。这样,如果两个传感器检测到都在白色的地板上方,就说明机器人在线的上方,可以让机器人一直往前走;如果右边的传感器检测到了黑线,就往右转;如果左边的传感器检测到了黑线就往左

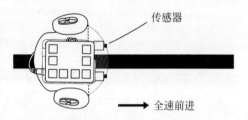

图 8-1　用两个地面灰度检测传感器巡线

转。若用原来的方法,即使机器人遇到一根直线,也要走"之"字形前进,而如果采用刚刚设计的方案,机器人在巡直线的时候就完全可以笔直前进了,这样它就可以比"之"字形巡线法跑得更快了。

二、让机器人更快些

让我们再进一步,看看还能不能发掘出机器人更大的潜力?从刚才的讨论可以得出下面的结论:在硬件设备一样的条件下,想令机器人巡线巡得更快,就一定要想办法让它走的轨迹更加平滑。"之"字形巡线是完完全全的走折线,这样的轨迹是最不平滑的。而当使用两个传感器时,在巡直线时机器人可以一直前进而不用拐弯,这样比走"之"字形的轨迹就要平滑得多了。怎样让它走得更加平滑呢?很自然地,同学们就会想到,能不能再增加更多的传感器数量呢?没错,这是一种很常用的办法。

如果有 4 个巡线传感器,就可以这么做:假设把 4 个传感器从右到左分别叫做 1 号、2 号、3 号、4 号。如果 1 号检测到了黑线,说明机器人行进的方向和黑线之间的角度已经很大了,应该马上向右大幅转动;否则,如果 2 号检测到了黑线,则说明机器人的行进方向和黑线之间有角度但还不是很大,只需要向右"温柔"地转弯就可以了。对于 3 号、4 号传感器,同学们可以用类似的方法进行分析。这样我们在控制程序中就可以判断,根据不同的传感器给出不同的电机控制信号。用这种方法,机器人不仅比只有两个传感器时跑得更快、更平滑,而且对于突然急转弯的黑线有更好的适应性。同学们会发现小机器人跑得更加可靠了。

三、在编程时使用常量和变量

到目前为止,我们已经为机器人编写过好几个小程序了。在每个程序中都免不了要和各种数字打交道,比如所使用的接口、传感器的读数、地面的灰度阈值等。在编写程序

的过程中,也许有的同学已经发现了很多不方便的地方。

比如说在使用 pinMode 命令为端口规定方向时肯定要用到它的编号,然后再用 digitalRead 之类的命令操纵端口时也要用到同一个编号。同学们想一想,如果某天我们突然要改为使用另一个端口,那么是不是要一个一个地把它的编号改变过去呢? 显然用这种方式编写程序修改起来既费力又容易出错。

再比如说,有时我们用 analogRead 命令读到了传感器当前的值,但如果在接下来的程序里我们还要用到这个值做比较复杂的计算,该怎么办呢? 我们可不想在接下来的算式中每个用到这个值的地方都去调用一次 analogRead 命令,因为这样做的代价太大了。

实际上,在 C 语言编程中,只要合理地使用常量和变量就可以很方便地解决上面这几个问题了。

1. 变量

变量是什么? 顾名思义,变量就是数值可能发生变化的量。在程序中,常常需要把一个数据存储起来供以后使用,还可能随时在程序中更改这个数据的值。这种情况下,就要用到变量了。变量由数据类型、变量名和变量的值组成。

假设主控板上有一个温度传感器能感知外界温度。可以在程序里就可以声明一个叫作温度(Temperature)的变量来记录传感器的数值,并且声明它的类型是整数型。

```
int temperature;            //int 代表变量类型是整数,变量名为 temperature,表示温度
```

而在后面的程序运行过程中,主控板测得当前温度为 20℃,在程序中就可以给温度变量赋值为 20。这时,如果要用它做各种计算,那么只要用 temperature 这个变量名就可以代表当前的温度值了。

```
temperature=20;             //将温度赋值为 20℃
```

2. 变量的声明与赋值

上面的例子中,先声明了一个名叫 temperature 的整数型的变量。然后又将它赋值为 20。我们这么做时,变量的声明和赋值是分开进行的。而在另一种情况下,也可以在声明变量的同时就为它赋值。这时给变量赋予的值叫作初始值或是默认值。比如,我们认为房间内大部分情况下温度是 23℃。就可以这样做:

```
int temperature=23;         //声明名为 temperature 的整型变量,并设初始值为 23
```

当然,在后续的程序中随时可以改变这个变量的值,将它重新赋值为那时的温度值。这也是我们为什么要使用变量的原因。

在为变量命名时,可以根据习惯使用英文或汉语拼音。但是,要注意的是变量名一般都要和变量的实际用途相关。有的同学为了省事,喜欢用 a0、b1 之类的简单字母加上个数字作为变量名。这样做是很坏的习惯,你的代码将会很难被别人读懂,甚至不久后你自己都忘了它们是做什么用的。所以,请同学们一定要养成良好的命名习惯。这也是优秀的程序员的标志之一。

3. 常量

常量就是数值永远不会发生变化的量。我们在数学课中已经接触过好几个大名鼎鼎

机器人的天空——基于 Arduino 的机器人制作

的变量,和它相对的自然就是常量了。圆周率 π 就是一个大小永远不变的量——常量。在计算机程序中,有的数值是在程序的整个生命中都不会被改变的,我们就最好用常量来表示它们。常量的声明很简单,只要在变量的类型前加上一个 const 就可以了。不过,和变量不同的一点是,常量在声明时一定要给它赋值,这个值就是它那个永远不变的值。

现在,同学们可能已经想到了,我们在程序中所使用的端口的编号就是典型的应该使用常量来定义的。下面的例子就声明了一个整数类型的常量,用来表示 LED 小灯连接到了主控板上的 3 号端口上。

```
const int ledPort=3;          //声明一个名为 ledPort 的整数型常量,并赋值为 3
```

4. 数据类型

以前所举的所有例子里,变量和常量都是用来表示整数的。同学们一定会好奇,除了整数类型,我们至少还学习过小数啊! 比如,如果测得的温度值是 20.5℃,那可怎么办呢? 现在就来介绍一下 C 语言中的其他几种常用数据类型,如表 8-1 所示。

表 8-1　C 语言常用数据类型

符　　号	名　　称	说　　明
int	整数	正数、负数和 0
float	浮点数	分数
boolean	布尔值	true(真)或 false(假)
char	字符	任意字母、数字、符号等

此外,如果在 int 和 char 类型的变量前加上 unsigned 关键字,就代表这个变量不可能为负值。

好了,现在就在一个实际例子中,用刚刚学到的知识定义几个不同类型的变量。

假设我们的程序需要处理学生的成绩,每个学生在考试中都得到了一个百分制的分数,而这个分数又可以分为 A、B、C、D 4 挡,还可以根据分数够不够 60 分判断是否及格。已知全班同学的分数后还可以计算出平均分。那么很可能需要声明以下几个变量:

```
int score;                 //整数类型变量 score 代表学生的分数
boolean isQualified;       //布尔类型变量 isQualified 代表学生是否及格
char grade;                //字符类型变量 char 代表学生的分数等级 A,B,C,D
float averageScore;        //浮点数类型变量 averageScore 代表全班的平均分
```

实验活动　用 4 个传感器巡线

这次实验活动中,我们来让机器人用 4 个传感器实现又快又稳的巡线运动。只要按照这节课前面讲过的思路来编写程序,相信同学们都能完成这个任务。但是,对这次实验有一个额外的要求:要求同学们在编写程序的时候合理地利用常量和变量,让程序更加规范。这种好习惯的养成将会对大家今后产生巨大的帮助。

实验器材

- 已经组装好的机器人；
- 计算机及软件编程环境；
- USB 下载线；
- 主控制器及扩展连接板；
- 地面灰度检测传感器模块 4 块；
- 黑色胶带 1 卷。

实验步骤

1. 连接机器人

这次实验中，我们给机器人安装 4 个地面灰度检测传感器，让它们在机器人的底盘上由左到右并排排列，分别连接到 A0～A3 端口。

2. 调试灰度阈值

同样，像以前一样通过实验确定机器人所采用的灰度阈值。因为 4 个传感器的电路和安装上可能会出现微小的差别，所以这里比较稳妥的处理方式是不要嫌麻烦，为它们每个都测量一个灰度阈值。

3. 编写和调试程序

下面给出了让机器人用 4 个传感器平滑巡线的示例程序，请同学们注意其中对变量和常量的使用。

```
//传感器端口号常量,从最左到最右的传感器连接 A0~A3 端口
const int LeftPort=A0;
const int LeftMiddlePort=A1;
const int RightMiddlePort=A2;
const int RightPort=A3;
//电机方向端口号常量
const int LeftDirPort=10;
const int RightDirPort=12;
//电机速度端口号常量
const int LeftSpeedPort=11;
const int RightSpeedPort=13;
//阈值常量,这里为了简明起见,4 个传感器共用 1 个相同的阈值
const int Threshold=517;
//机器人做不同运动时电机的速度常量
const int ForwardSpeed=150;           //机器人直行时的速度
const int TurnHighSpeed=180;          //转小弯时的快轮速度
const int TurnLowSpeed=120;           //转小弯时的慢轮速度
const int SharpTurnHighSpeed=200;     //转大弯时的快轮速度
const int SharpTurnLowSpeed=100;      //转大弯时的慢轮速度
//分别表示 4 个传感器读数的变量
int leftValue, leftMiddleValue, rightMiddleValue, rightValue;
```

```
void setup(){
    pinMode(LeftDirPort, OUTPUT);              //左电机向正方向转动
    digitalWrite(LeftDirPort, HIGH);
    pinMode(RightDirPort, OUTPUT);             //右电机向正方向转动
    digitalWrite(RightDirPort, HIGH);
}
void loop(){
    leftValue=analogRead(LeftPort);
    leftMiddleValue=analogRead(LeftMiddlePort);
    rightMiddleValue=analogRead(RightMiddlePort);
    rightValue=analogRead(RightPort);
    if(leftValue<Threshold && leftMiddleValue<Threshold && rightMiddleValue<
    Threshold && leftValue<Threshold){          //直行
        analogWrite(LeftSpeedPort, ForwardSpeed);
        analogWrite(RightSpeedPort, ForwardSpeed);
    } else if(leftValue>Threshold){             //向右转大弯
        analogWrite(LeftSpeedPort, SharpTurnHighSpeed);
        analogWrite(RightSpeedPort, SharpTurnLowSpeed);
    } else if(rightValue>Threshold){            //向左转大弯
        analogWrite(LeftSpeedPort, SharpTurnLowSpeed);
        analogWrite(RightSpeedPort, SharpTurnHighSpeed);
    } else if(leftMiddleValue>Threshold){       //向右转小弯
        analogWrite(LeftSpeedPort, TurnHighSpeed);
        analogWrite(RightSpeedPort, TurnLowSpeed);
    } else{                                     //向左转小弯
        analogWrite(LeftSpeedPort, TurnLowSpeed);
        analogWrite(RightSpeedPort, TurnHighSpeed);
    }
    delay(100);                                 //延时 100ms
}
```

拓展活动　机器人接力赛

　　这次拓展活动的任务需要团队合作才能完成,我们需要两台机器人组成一个小组,在每个机器人上除了安装地面灰度检测传感器外,还要在机器人的前后各安装一个微触开关传感器,如图 8-2 所示。假设两个机器人分别是 1 号和 2 号。要求比赛开始后,1 号机器人首先开始运行,沿着环形跑道前进,当它到达在跑道另一端等待的 2 号处时,需要触发微触传感器。然后,1 号停下,2 号前进。这个过程就好像接力赛跑一样,同学们可以对它们进行计时,看看哪个小组最先完成整圈的比赛。在进行活动时,同学们想一想,怎样安装才能保证微触传感器被准确触发?是否可以用一些废旧材料,做一个帮助它们触发的小装置呢?

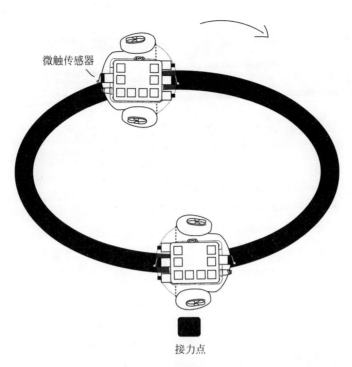

微触传感器

接力点

图 8-2　机器人接力赛

第九课   电路背后的秘密

在前面的课程中,我们已经使用了好几种电子器件模块了,它们就像是机器人的眼睛、耳朵、嘴巴,用它们能制作出功能丰富的机器人。但是,这些传感器和驱动器是如何同机器人的主控制器连接的呢?机器人的主控制器又是怎样读取或是控制这些器件的呢?我们马上就来学些电学知识,通过学习这些知识,同学们就能做到知其然也知其所以然了。

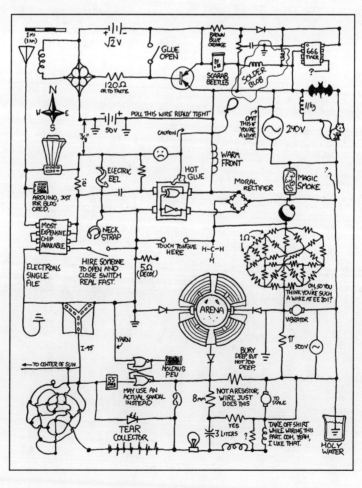

一、学点电学知识

在前几节课中,实际上同学们已经接触了很多电学知识,包括电路板之间的连线、数字端口、模拟端口、数字传感器的状态等。但一直还没有来得及将一些基本的电学知识教给大家,这节课就来学一学"玩"机器人时最常用的一些电学知识。

什么是电?什么是电路?关于这个问题,我看到过最形象、最容易理解和记忆的比喻就来自一本 Arduino 的参考书,这里也就沿用这个例子说明吧!图 9-1 将一个水力系统与电路做了个形象的对比。

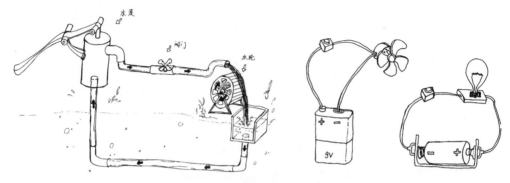

图 9-1 水力系统与电路

同学们马上就会惊奇地发现,这套系统和一个简单的电路简直可以一对一地对应起来,水流就好像是电路中的电流,抽水泵就像是电池,阀门就好像是电路的开关,而水管自然就像是电线。当我们用抽水泵将水抽出来,并且打开了阀门时,流出水泵的水就会以一定的压力顺着管子前行,并且冲击叶轮令它转动。这和我们打开电路的开关,电路中的电流让小电机开始转动起来是一样的道理。

现在,让我们进一步分析一下,在这个水力系统里面有哪些重要的因素影响了叶轮的转动速度。最直接的解释显然就是水流的大小和速度。那么怎样才能增大水流的大小和速度呢?可以换上更强劲的水泵,它产生的水压很大,可以让水流很急;或者还可以增加水管的直径,因为水管的尺寸增大了,对流过它的水的阻力就会变小,同样的水压下水流更大。当然,不管是增大水泵还是增大水管直径都是有限度的,如果水流令叶轮转得过快,超过了它的设计转速,就很可能出现机器损毁的事故了。

既然前面说这套水力系统同电路系统可以一一对应,那么就来看看刚刚分析的这些因素到了电路系统中分别代表着什么。实际上,水泵产生的水压就对应着电池产生的电压,它的单位是伏特简称为伏(V)。水管的直径就代表了电路中的电阻,它的单位为欧姆简称为欧(Ω)。而水的流速流量就代表了电路中的电流,它的单位为安培简称为安(A)。对比水力系统,我们马上就知道了电压、电阻、电流之间的关系了。电压越高、电阻越小则电路中的电流就越大。这就是赫赫有名的欧姆定律。如果用 U 表示电压,I 表示电流,R 表示电路中的电阻,欧姆定律的公式为

$$U = RI \quad 或 \quad R = U/I \quad 或 \quad I = U/R$$

当然,如果想让电路运行起来,就好像是水力系统一样,水流要形成一个循环才行。

而电路上的开关就像阀门一样能够切断或连接上这个循环。这其实就是电路回路的开路和断路的概念了。

最后，同学们可别忘了，在刚才的例子里如果水流过急过大，超过了叶轮所能承受的范围，就会造成机器的损坏。同样，如果在设计电路时没有计算好电流、电压和电阻的关系，要么电流太小，机器转得有气无力，要么电流太大，烧毁了电路器件。可见，掌握好欧姆定律是多么的重要。

二、数字端口和模拟端口的背后

通过前面的实验，同学们已经对数字端口和模拟端口的使用非常熟悉了。但你们知道当用 digitalRead 命令读取传感器的状态时，LOW 或 HIGH 的值代表什么吗？如果用 analogRead 命令时，0～1023 的值又代表什么呢？

实际上，这里的一切都和电路中的电压值有关，如图 9-2 所示。LOW 就是电路中的"地"或"低电平"而已。其实，所谓的"地"或者"接地"并不是指把电路接到我们脚踩的大地上，它只是一个相对的概念。因为测量电路中电压时，总要找个基准，所以习惯上，我们把电源的负极当作是 0 伏或是"地"，而电路中其他位置的电压都是以这儿为标准测量的。同样地，HIGH 就代表了"高电平"，在我们的主控制器中就正好是+5V 大小的电压值。

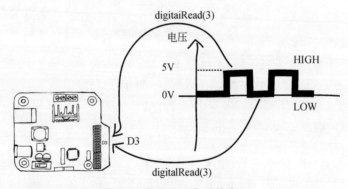

图 9-2　数字端口背后的意义

那么，模拟端口背后的意义大家也很快就可以猜出来了吧？没错，对于模拟端口来说，越靠近 0 的值就代表越接近 0V 的较低电压，而越靠近 1023 的值就代表越接近+5V 的较高电压，如图 9-3 所示。

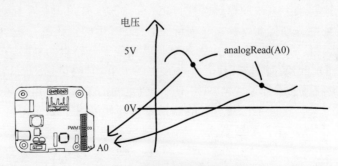

图 9-3　模拟端口背后的意义

简而言之，我们的主控制器就是靠测量端口上的电压信号从而得知传感器的状态的。现在同学们清楚这些端口背后发生了什么了吧？

三、离开扩展板的帮助

到目前为止，我们在实验中用到的所有的传感器和驱动器都是用灰色的连线接到主控制器的扩展接线板上的。这样做确实很方便，也不容易出错，但是扩展板占用的体积实在太大了，只能为我们提供主控制器上很有限的几个端口而已，很快同学们就会发现这些端口已经不够我们使用了。

掌握了数字和模拟端口背后的意义后，我们是抛开扩展接线板的帮助，用一种更直接的方式连接电路的时候了。以后的课程中都会使用图 9-4 所示的这种杜邦线将各种电子器件和主控制器连接起来。

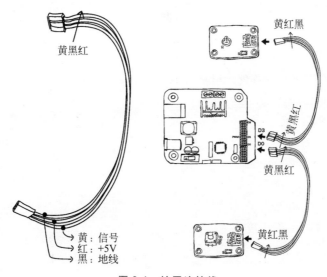

图 9-4　扩展连接线

这种连接线包含了 3 条不同颜色的电线。其中，红色代表了＋5V 电压，黑色代表了地线，它们用来给所连接的电子器件供电。而黄色则是信号线，不管是从传感器读取的状态值还是我们为执行器发送的命令，都是以电压信号的方式从这条线传送过去的。将它们和主控制器连接的方法也很简单，只要将它们与板子上的颜色对应插好就行了。

实验活动　通过丁字路口

上节课的实验中，同学们的机器人已经可以用 2 个或 4 个传感器，又快又稳定地进行巡线运动了吧？不过，如果机器人行走的路线上除了直线、曲线还有各种路口又该怎么办呢？这次的实验就来解决这个问题，首先来看看图 9-5 中这样的丁字路口，机器人应该采用什么样的策略才能通过。

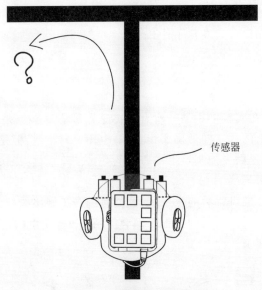

传感器

图 9-5 通过丁字路口

为了让机器人成功通过各种路口，一般我们还是需要给机器人并排安上 4 个传感器。但是和用上节课中对 4 个传感器的使用不一样，这里用内侧两个传感器帮助机器人完成巡线。而当外侧的两个传感器检测到黑线时，就知道了机器人遇到了路口。这时就可以根据具体情况，让机器人做出转弯动作了。

实验器材

- 已经组装好的机器人；
- 计算机及软件编程环境；
- USB 下载线；
- 主控制器；
- 杜邦连接线若干；
- 4 个使用杜邦连接线的地面灰度检测传感器；
- 用黑色胶布粘贴的丁字路口。

实验步骤

1. 连接机器人

在机器人的底盘上并排安装 4 个地面灰度传感器，用杜邦连接线把它们按顺序分别连接到主控板的 A0～A3 端口，其中最左端的传感器连接 A0 口，最右端的连接 A3 口。

2. 调试灰度阈值

同样，像以前一样通过实验确定机器人所采用的灰度阈值。因为 4 个传感器的电路和安装上可能会出现微小的差别，所以这里比较稳妥的处理方式是不要嫌麻烦，为它们每个都测量一个灰度阈值。

3. 编写和调试程序

通过上面的分析可以知道,对于机器人来说,只要是最左或最右端的传感器检测到了黑线,就代表机器人遇到了路口。这时就可以停止巡线而进入 90° 转弯的过程。根据这个思路,请同学们自己去编写或是参考下面的示例程序,将机器人通过丁字路口的程序实现。这个示例程序大部分结构和上节课的示例程序类似,所不同的只是对机器人最外端两个传感器检测到黑线时的处理,我们用省略号把同上节课例程重复的大部分内容略过。

```
...
const int TurnTime=300;                                //原地转 90°所需的时间
...
void loop(){
    leftValue=analogRead(LeftPort);
    leftMiddleValue=analogRead(LeftMiddlePort);
    rightMiddleValue=analogRead(RightMiddlePort);
    rightValue=analogRead(RightPort);
    if(leftValue<Threshold && leftMiddleValue<Threshold && rightMiddleValue<
    Threshold && leftValue<Threshold){             //直行
        analogWrite(LeftSpeedPort, ForwardSpeed);
        analogWrite(RightSpeedPort, ForwardSpeed);
    } else if(leftValue>Threshold || rightValue>Threshold){   //原地向左转 90°
        digitalWrite(LeftDirPort, LOW);
        analogWrite(LeftSpeedPort, ForwardSpeed);
        analogWrite(RightSpeedPort, ForwardSpeed);
        delay(TurnTime);
        digitalWrite(LeftDirPort, HIGH);
    } else if(leftMiddleValue>Threshold){           //向右转弯
        analogWrite(LeftSpeedPort, TurnHighSpeed);
        analogWrite(RightSpeedPort, TurnLowSpeed);
    } else{                                          //向左转弯
        analogWrite(LeftSpeedPort, TurnLowSpeed);
        analogWrite(RightSpeedPort, TurnHighSpeed);
    }
    delay(100);                                      //延时 100ms
}
```

请注意,如果大家直接套用上面给出的示例程序,机器人往往是不会乖乖地通过路口的。这时,就需要请同学们仔细观察机器人遇到路口的反应。然后,根据机器人运动时所表现出的现象不同,对问题的所在进行判断并解决。比如,机器人的传感器端口接线的顺序有错误;机器人转 90°弯的速度或时间参数不合适,导致转向过度或不足等。就是在这个过程中大家解决问题的能力才会得到提高,因此请同学们千万不要满足于弄懂了原理,一定要动手动脑,对机器人进行实际的调试工作。

拓展活动　换一种路口怎么办?

(1)如果让机器人从另一个方向通过丁字路口,如图 9-6 所示,我们应该怎么做呢?对原来的程序进行调整,让机器人完成这个任务。

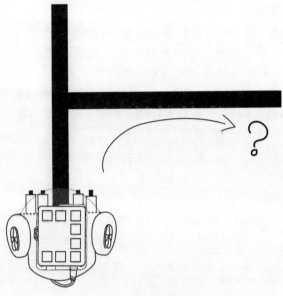

图 9-6 通过丁字路口

　　（2）这次，机器人面对的是一个复杂的十字路口，希望它能够在第 3 个十字路口右转，如图 9-7 所示。我们应该对原有的程序做怎样的调整呢？写下你的思路。

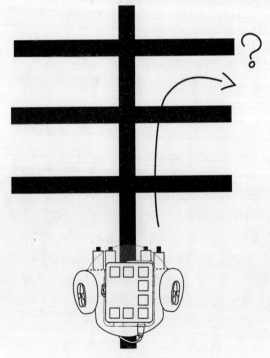

图 9-7 通过复杂十字路口的机器人

_____

_____

_____

_____

_____

_____

提示：我们可能需要对通过的路口数进行计数。

第十课　机器人走迷宫

　　本节课我们又要学习一种新的传感器：红外避障传感器。添加了它的机器人就会多出一项新的能力，它可以检测自己前进路线上的障碍物了。

　　这节课的任务就是让机器人综合利用已经掌握的各种能力，走出一个用黑线制作的迷宫，并且找到"宝藏"，下面我们就来看看如何完成这个复杂的任务吧！

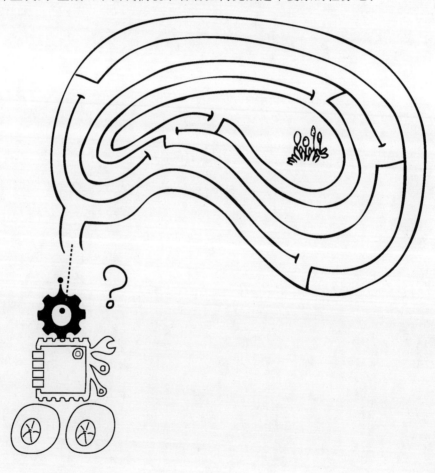

一、让机器人学会探测障碍

在第五课中已经用带触角的机器人实现了躲避障碍的功能,但是触角机器人必须真正接触到障碍物才能探知它的存在。能不能让机器人不接触就可以感知到障碍物的所在呢? 本节课我们就来令机器人具备一个新的能力:远距离探测障碍物。这项能力是使用一种叫作红外避障传感器的模块实现的。这种传感器是一个数字开关传感器,它还有个学名叫"反射式红外传感器",如图 10-1 所示。它的原理和我们已经掌握的地面灰度检测传感器非常类似,也是由一个光线发射装置和一个光线接收装置组成的。所不一样的是,它的光线发射方向是朝向运动的方向而不是地面,而且发射装置发出的光是红外光而不是可见光。

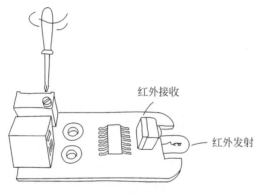

红外接收

红外发射

图 10-1 红外避障传感器

安装了这种传感器后,在传感器正对的方向有障碍物时,它发出的红外线就会被障碍物反射回来被接收装置所感知。于是,机器人上的主控制器就可以检测到障碍物的存在。至于这时机器人是应该停下或是绕开障碍物还是转身返回就要看我们的智能程序是如何设计的了。

这种传感器会返回一个数字开关状态,用起来再简单不过。但它也有很明显的缺点,只靠它机器人是很难得知障碍物的准确距离的。虽然,通过用螺丝刀调节传感器上的可调电阻(图 10-1),我们能够大致改变传感器的感知距离(一般是 20cm 左右)。但是在实际使用中的很多因素都会对这个距离产生影响,比如,如果物体的表面是比较光滑的,就会像镜子一样将红外线往另一个方向反射出去,这时虽然小机器人离障碍物很近了,但是也不能接收到比较强的反射信号;物体的颜色深浅当然也是一个决定性的因素;还有,如果环境中有其他的光线源,比如阳光的直射,也会对接收到的信号造成影响。

因此,如果需要机器人准确地探测障碍物的距离,就要用更"高级"的传感器了。比如,应用仿生学原理,模仿蝙蝠的声呐探测能力的超声波传感器,还有更加复杂的激光雷达传感器,甚至是模仿人类视觉的双目摄像头等。当然,这些就超过了本书所涉及的范围,也许同学们在今后进行更深的机器人研究工作时就会见到它们的身影。

二、用函数让编程变得更容易

本节课的实验将是我们所学本领的综合应用。在走迷宫时,机器人要同时完成巡线、转弯、掉头、探测障碍物等各种任务。面对这样复杂的任务,如果还是沿用老办法去编写程序就会非常麻烦,比如要让机器人连续 3 次左转 90°,难道要把让机器人转弯的几条语句重复 3 遍吗? 要想解决这个问题,就要用到 C 语言中一个非常强大的功能——函数。

如果说语句是编写程序时最基本的单位,那么函数就是一组这种基本单位的集合体。什么时候需要使用函数呢? 这里给大家一个最简单的原则。如果发现在你所写的程序中出现了很多重复的段落,比如要用好几个语句控制小车向左转弯。而每次你想要小车左转弯时都需要复制、粘贴它们。那么这时,更好的做法就是把小车左转的功能写成一个函数,这种做法叫作封装。

可以说同学们对函数使用的好坏直接决定了编写程序的质量。这种做法蕴含了一个非常朴素而又有效的解决问题方法:分而治之。比如说,我们想要完成泡面的工作,本来这项工作包括洗锅、烧水、泡面共 3 个步骤,似乎很复杂。但是,如果把这 3 个步骤分开分别解决,是不是就简单多了呢? 而如果我们之后还要进行炒菜的工作,它也包括了洗锅这个步骤,就可以把泡面时的洗锅方法直接抓过来重复利用就好了,这样就大大降低了工作的难度,如图 10-2 所示。

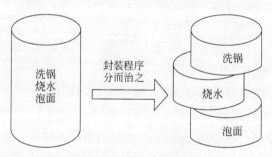

图 10-2 **分而治之的函数**

C 语言中的函数由返回值、函数名、参数和函数体组成。其实,在前面的课程中已经见到了很多函数,即 digitalRead、digitalWrite、pinMode、delay 等,这些一直被叫作命令的东西其实都是一个个的函数,甚至 setup、loop 也不例外。在使用这些函数的时候我们也早已经熟悉了它们的参数和返回值的使用方法。比如:

```
int val=analogRead(A0);
```

analogRead()函数接受一个整数型的数值作为参数,代表了要操作的端口编号。而它返回一个整数型的返回值,代表了从模拟端口读入的传感器状态。在上面的语句里,我们将这个值赋值给了一个叫作 val 的整数变量。这个例子告诉我们,在调用函数的时候要根据函数的具体定义,为它提供适当类型的参数。而函数也会按照规定返回适当的数值(或者不返回任何值)。

函数的原型就是对它的参数和返回值的规定。知道了函数原型,用户该如何去调用它就是一目了然的事情了。比如,可以把 analogRead() 函数重新写成下面的原型形式:

```
int analogRead(int);
```

如果函数的参数列表中有多个参数,中间只要用","分隔开就可以了。同样,调用有多个参数的函数时也要按顺序提供相应的参数值,并用","分开。例如,我们要写一个函数,将两个整数中比较小的那个当作返回值返回。它的原型就可能是这样的:

```
int min(int, int);
```

而这个函数的实际实现可以是这样的(为了清楚起见,这个实现并不是比较精简的写法):

```
int min(int a, int b){
    int minVal=b;
    if(a<b){
        minVal=a;
    }
    return minVal;
}
```

在实际使用 min 函数时,则像下面这样调用它。这时,val 这个变量的值就被赋值为5了。

```
int val=min(5, 8);
```

在上面的例子里,又学习了一个新的语句就是 return 语句。它后面跟着的就是符合函数原型返回值类型的一个表达式。当程序遇到了这个语句,函数就会停止执行,并且马上返回到调用函数的地方继续执行下面的语句。

而如果函数的返回类型为 void(比如 Arduino 的 void setup() 函数),则代表不需要返回任何的东西,那么 return 后面就不需要一个表达式了。如果这种情况下,函数体中的所有语句都会被顺序执行到,甚至可以省略掉 return 语句,因为函数执行到末尾的"}"前就会自然而然地返回了。

实验活动　会走迷宫的机器人

这节课的实验中,要用黑胶带制作一幅迷宫地图,如图 10-3 所示。在迷宫的出口处用一个障碍物当作"宝藏"。然后,我们机器人的任务就是顺利通过迷宫并且停在"宝藏"前面。这里先来处理一个简化的问题,假设迷宫的地图是已知的,也就是说,机器人知道应该向什么方向,转几次弯才能走出迷宫。

实验器材

* 已经组装好的机器人;
* 计算机及软件编程环境;

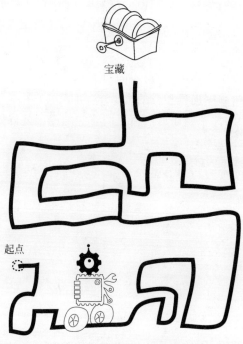

宝藏

起点

图 10-3　机器人走迷宫

- USB 下载线；
- 主控制器；
- 地面灰度检测传感器模块 4 块；
- 红外避障传感器 1 个；
- 黑色胶带 1 卷；
- 作为宝箱的浅色立方体 1 个。

实验步骤

1. 连接机器人

首先将机器人、扩展板和地面灰度检测传感器模块连接好。其中，地面灰度检测传感器连接到 A0～A3 端口。红外避障传感器连接到 D3 端口。

2. 调试灰度阈值

同样，像以前一样通过实验确定机器人所采用的灰度阈值。因为 4 个传感器的电路和安装上可能会出现微小的差别，所以这里比较稳妥的处理方式是不要嫌麻烦，为它们每个都测量一个灰度阈值。

3. 编写程序

假设在已知的地图中，机器人只要在碰到路口时先进行两次左转弯，再进行一次右转弯，就能走出迷宫了。用我们刚刚学习过的函数知识，这个程序可以写成下面示例中的样子。同样，这个示例中与上节课示例程序有很多重合的地方，用省略号将之略去。

函数如何封装的问题,是没有一个固定答案的,示例程序中给出的可能也不是最好的解决方案。总之,良好的函数封装可以让你的程序变得更简洁、更可读以及更容易维护和修改,同学们在慢慢积累编程经验的过程中就会摸索出如何封装函数的窍门了。

```
...
const int InfraPort=3;                      //避障传感器连接 D3 端口
int counter=0;                              //用于计数通过路口数目的变量
...
//函数声明
void turn_left();
void turn_right();
void stop();
void go_straight();

void setup(){
...
    pinMode(InfraPort, INPUT);
...
}
void loop(){
...
    if(digitalRead(InfraPort)==HIGH){       //找到宝藏,停下来
        stop();
        while(1);
    }
    if(leftValue<Threshold && leftMiddleValue<Threshold && rightMiddleValue<
Threshold && leftValue<Threshold){          //直行
        go_straight();
    } else if(leftValue>Threshold || rightValue>Threshold){          //遇到路口
        if(counter<2){                      //前两次遇到路口左转
            turn_left();
        }else if(counter==2){               //第 3 次遇到路口右转
            turn_right();
        }else{                              //再遇到路口就停止,有可能地图出错了
            stop();
            while(1);
        }
        counter++;
    } else if(leftMiddleValue>Threshold){   //向右转弯
        analogWrite(LeftSpeedPort, TurnHighSpeed);
        analogWrite(RightSpeedPort, TurnLowSpeed);
    } else{                                 //向左转弯
        analogWrite(LeftSpeedPort, TurnLowSpeed);
        analogWrite(RightSpeedPort, TurnHighSpeed);
    }
    delay(100);
}


//左转 90°的函数实现
```

```
void turn_left(){
    digitalWrite(LeftDirPort, LOW);
    analogWrite(LeftSpeedPort, ForwardSpeed);
    analogWrite(RightSpeedPort, ForwardSpeed);
    delay(DelayTime);
    digitalWrite(LeftDirPort, HIGH);
}

//右转 90°的函数实现
void turn_right(){
    digitalWrite(RightDirPort, LOW);
    analogWrite(RightSpeedPort, ForwardSpeed);
    analogWrite(LeftSpeedPort, ForwardSpeed);
    delay(DelayTime);
    digitalWrite(RightDirPort, HIGH);
}

//直行函数
void go_straight(){
    analogWrite(LeftSpeedPort, ForwardSpeed);
    analogWrite(RightSpeedPort, ForwardSpeed);
}

//停止函数
void stop(){
    analogWrite(LeftSpeedPort, 0);
    analogWrite(RightSpeedPort, 0);
}
```

拓展活动　未知地图的真正迷宫

前面实验中,机器人其实已经知道了迷宫的地图,因为具体到应该如何转弯的走法已经编写到它的程序中了。因此,这其实不能算是一个严格意义上的"迷宫"。那么能否让机器人破解一个真正的迷宫呢? 现在就请同学们来试一试。

首先用黑线制作一个真正的迷宫,不过注意制作时不能有封闭的环(否则机器人就会在其中兜圈子了)。而在每个死胡同的末端,我们都放一个障碍物,以这种方式告诉机器人走进了死胡同中。

下面就请同学们应用已经学过的知识和技能,让机器人探索这个未知的迷宫吧! 写下你们解决这个问题的思路:

_____
_____
_____
_____
_____
_____

第十一课　为机器人装上手臂

　　众所周知,执行器就像是机器人的手臂,从工业机器人到各种反恐防爆机器人,都需要用灵活的手臂来执行任务。

　　如何为我们的小机器人制作手臂呢? 这里最关键的就是在机器人手臂的关节处如何选用合适的电机,方便我们控制关节灵活地运动。对于青少年来说,最容易用来制作机器人手臂的就要算是舵机了。这节课就来学学舵机的使用方法,然后用舵机为我们的小机器人添加一条只有一个关节的手臂。

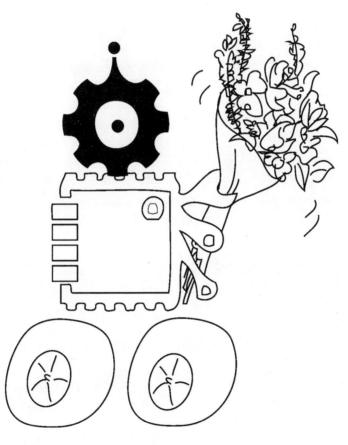

一、舵 机 概 述

我们知道,电机本质上就是利用磁场将电能转化为机械能的机器,简单地说,我们给电机输入电能,就能得到机械运动的输出。绝大部分的机器人都是由电机驱动的,我们的小机器人肯定也不例外。在第二节课就已经提到过,小机器人是由直流减速电机提供双轮的驱动力,而它的手臂则是由舵机驱动的。那么这两种电机之间有什么区别呢?

我们先说说直流减速电机。从它的名字就可以知道,它其实是由一台依靠直流电提供动力的电机和一个减速箱连接而成的。其中,减速箱的作用就是把电机的转动速度降下来。可是为什么要把电机的转速降下来呢?这是有科学道理的。我们可以来计算一道简单的算术题:假设机器人小车的轮子直径约为 6.5cm,一般电机的转速能达到 12000r/min。我们很快可以计算出,如果小车以这样的速度前进,它能跑 150km/h。简直比高速公路上的小轿车跑得还要快了! 显然,对于小机器人来说,这样的速度是不可能达到的。事实上,如果将电机去掉减速箱直接连到机器人的轮子上,那它只会一动不动。因为,这时电机虽然转速快,但它的"力气"实在太小了,根本无法推动机器人。不过别担心,只要为它连接上减速箱,它就立刻会化身为"大力士"了。这里应用了物理学中转速与力矩的关系,减速箱中的齿轮将电机的转速降低下来,而力矩则被等比例地放大。比如,我们机器人的直流减速电机的减速箱是 1:120 的,经过减速后,机器人轮子的转速只有 12000 转的 1/120,也就是 100r/min,而力矩则会变成原来的 120 倍(假设无损失的理想情况下)。这时电机的力量就足够驱动机器人运动了,这就是减速箱的作用。

不过在有的时候,单单有直流减速电机也是不够用的,因为它的运动并不精确,仅靠它我们是无法知道电机运动的精确速度或位置的。而当我们制作机器人的手臂,肯定需要知道手臂的精确运动状态,否则我们的器人也就没法准确地完成任务了。因此,这个时候就需要使用舵机了,如图 11-1 所示。它其实就是在直流减速电机的基础上增加了一个检测位置的微型传感器和一个控制器组成的闭环反馈控制系统,从而实现对电机转动位置的精确控制。舵机的内部结构如图 11-2 所示。因为航海模爱好者们经常用这种电机来控制模型的方向舵,所以它就被俗称为"舵机"了。下面就来学习如何用舵机制作和控制机器人手臂的运动。

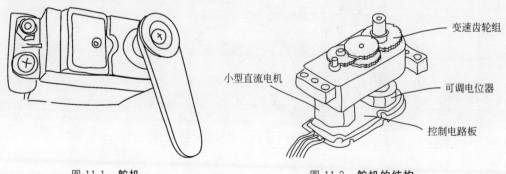

图 11-1　舵机　　　　　　　　　　　图 11-2　舵机的结构

通常使用的舵机能实现从 $0°\sim180°$ 的准确转动。它的接头一般有 3 根不同颜色的线，棕色或黑色代表接"地"，红色代表接"电源正极"，橙色或白色则代表了信号线。这个顺序和我们的机器人主控制板上接头的顺序是完全一致的，因此舵机的连接线可以直接插到主控板上。然后就可以用程序发出适当的信号，让舵机实现自由转动了。

二、让舵机转起来

舵机的控制方法其实和我们学过的直流减速电机的控制方法是很相似的。我们都采用 PWM 信号来控制它们，但 PWM 信号的作用又有所不同。控制舵机所使用的 PWM 信号是有些特殊的，它的周期是 20ms，脉冲的宽度从 1~2ms 秒之间，脉冲的宽度就对应了电机从 $0°\sim180°$ 的不同角度。我们希望舵机转动到哪个角度，就用主控板发出那个角度所对应占空比的 PWM 信号就可以了。舵机的 PWM 控制如图 11-3 所示。当然，在此之前，舵机肯定要连接到主控板上有 PWM 功能的端口才行。

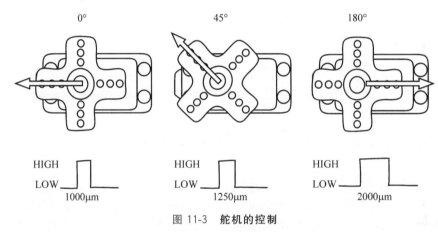

图 11-3 舵机的控制

了解这些原理后，下一个问题自然是：该如何编写程序让主控板能够控制舵机的运动呢？其实也没那么复杂，我们的 Arduino 中天然就有了舵机控制的功能，它自带了一个用于控制舵机的"库"。只要用它生成一个"舵机对象"，然后使用"舵机对象"的函数就行了。至于什么是"库"、什么是"对象"，就属于 C 语言中比较高级的内容了。我们目前在使用舵机时只要掌握它们的使用方法就足够了。下面是一段最简单的应用"舵机库"控制舵机运动的程序。

```
#include<Servo.h>                    //用这个语句引入舵机库
const int ServoPin=9;                //选用有 PWM 功能的 9 号端口作为舵机端口
Servo mySmyServo;                    //创建一个叫 mySmyServo 的舵机对象
void setup(){
    mySmyServo.attach(ServoPin);     //将舵机对象和端口绑定起来
}
void loop(){
    mySmyServo.write(0);             //让舵机转动到 0° 的位置
    delay(500);                      //等待一段时间让舵机转动到位
```

```
    myServo.write(180);              //让舵机转动到 180°的位置
    delay(500);                      //等待一段时间让舵机转动到位
}
```

在这个程序中,我们把舵机插到主控制板的 9 号端口上,然后让它在 0°～180°之间不停地反复运动。同学们以后自己使用舵机时,只要将舵机插到任何一个有 PWM 功能的端口上,然后将上面程序中的 myServo 改为你选定的名字,再之后就可以用 write 函数照猫画虎地控制舵机的位置了。

三、C 语言中的 for 循环语句

这里我们要学习 C 语言中和条件语句同样重要的另一类语句——循环语句。C 语言中有好几种循环语句,下面要学习的叫作 for 循环语句。它在程序中用来让一小段程序重复地执行一定的次数。一般情况下,它的语法是这样的:

```
for(初始化循环控制变量;条件表达式;增量){
    //循环体中的语句
}
```

for 语句一般都有一个由我们自己命名的循环控制变量。它后面的括号里用分号分隔开的包括 3 个部分的内容,就是它们决定了循环控制变量如何变化,以及什么时候结束循环语句的执行。下面一一地看看它们的功能:

① 初始化。它总是一个赋值语句,用来在刚刚进入循环时给循环控制变量设定一个初值。

② 条件表达式。它决定在什么条件下才会退出循环。

③ 增量。决定了循环控制变量在每循环一次后按什么方式变化。注意,这里的增量并不是指循环控制变量总是增大的,它也完全可以每次减少。

如果上面的解释还是太抽象,下面让我们用例子看看 for 循环语句的用法。

```
int i;
for(i=0;i<10;i++){
    //循环体中的语句
}
```

在这个例子中,首先定义了一个整数循环控制变量 i。然后,先给 i 赋初值为 0。之后的每次循环都判断 i 是否小于 10,若是则将 i 的值增加 1,并且执行循环体中的语句。循环体中的语句执行完了就再重新判断 i 的值。直到条件为假,即 i $\geq$ 10 时,就结束循环语句的执行。

注意:for 循环语句中的“初始化”、“条件表达式”和“增量”都是可选项(分号“;”是必须要写够的)。比如,如果省略了其中的条件表达式,这个循环就成为一个永不退出的死循环了。

实验活动　教机器人挥舞手臂

实验器材

- 已经组装好的机器人；
- 计算机及软件编程环境；
- USB下载线；
- 主控制器；
- 舵机1个；
- 1套用于固定舵机的金属件；
- 一些可乐瓶、纸盒等可回收材料。

实验步骤

1. 制作机器人手臂

将舵机用金属件安装到机器人底盘上作为它的手臂。我们首先制作只是使用一只舵机，拥有一个关节的机器人手臂，并将舵机连接到有PWM输出功能的9号端口。

2. 制作道具

用可回收的材料为机器人制作一些道具（比如鲜花或兵器等），并安装到机器人的手臂上。

3. 编写程序

让机器人挥舞手臂，挥舞的范围为40°～140°的区间。但是要注意，这里如果直接套用这节课前面所教的程序编写方法，机器人挥舞手臂的动作就会很僵硬了，它的挥动是没有任何过渡的。这里再教大家一种令机器人手臂的运动更加平滑的方法。我们通过编写程序让手臂从40°运动到140°的过程分为多个小段动作循序完成。这时，刚刚学会的for语句就有用武之地了。我们的示例程序如下，请同学们自己去调试合适的参数，让机器人的动作显得更加自然。

```
#include<Servo.h>                           //用这个语句引入舵机库
const int servoPin=9;                       //选用有PWM功能的9号端口作为舵机端口
Servo myServo;                              //创建一个叫myServo的舵机对象
void setup(){
    myServo.attach(servoPin);              //将舵机对象和端口绑定起来
}
void loop(){
    int angle;                             //用角度值作为循环控制变量
    for(angle=40; angle<=140; angle+=10){ //每100ms向正方向移动10°
        myServo.write(angle);
        delay(100);
    }
    for(angle=140; angle>=40; angle-=10){ //每100ms向反方向移动10°
```

```
        myServo.write(angle);
        delay(100);
    }
}
```

拓展活动一　可以自如控制的手臂

在刚才的任务中,我们已经能让机器人的手臂以固定的速度左右挥动了,但这样似乎还达不到自如控制机器人手臂的要求。现在就来试试用一个传感器控制机器人的手臂动作。要做到这一点,还需要一个叫作电位计的传感器。它的外观看起来就像图 11-4 中的样子。

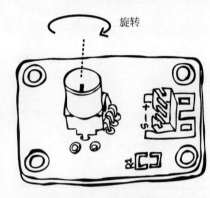

图 11-4　电位计模块

如果同学们在物理课上已经见到过滑动变阻器,那么对电位计就很容易理解了。本质上电位计和滑动变阻器就是一种东西。应用它,可以把测量位置的问题通过电阻的分压原理转化为测量电压值的问题。电位计是一种最简单的位置传感器,应用它可以测量出旋转的角度信息。因此,当我们把它的接线连接到模拟输入端口时,读到的数字就代表了旋钮的位置。

现在,请同学们将一个电位计模块接到 A0 号模拟输入端口上。然后,更改并调试程序,用旋转电位计的方式控制机器人手臂的运动。

提示:应用模拟输入功能得到的电位计传感器的读数范围为 $[0,1023]$,而舵机的旋转角度范围则是 $[0,180]$。当我们得到电位计的读数后,需要在这两个取值范围之间进行等比例的换算。Arduino 提供了一个叫作 map 的实用函数可以很方便地解决上述问题:

角度值=map(电位计读数,0,1023,0,180);

拓展活动二　有两个关节的手臂

本节课的实验中我们完成了只有一个关节的机器人手臂,它的机械结构非常简单,程序控制也很容易完成。但是,我们人类的手臂可是由好几个关节组成的,也正是因为如此,我们才能完成那么多灵活的动作。同学们能用两只舵机为机器人制作一条更灵活的手臂吗?

第十二课　机器人巡线挑战赛

　　学到这里,如果我们告诉同学们,你们也可以去参加机器人比赛,甚至参加国际机器人大赛,大家会不会觉得像是天方夜谭一样而不敢相信呢? 其实,面向青少年的教育机器人比赛离我们大家并不遥远。这类比赛中并不会涉及过多的高深科技,所使用的大多数技术,我们都已经或者即将在本书中一一呈现给大家。掌握了这些知识和技能,就可以组成自己的队伍,带上你们的小机器人去和同龄人们比个高下。

　　RoboRAVE(www.roboquerque.org)是一项发源于美国的青少年机器人比赛活动,其中就有一项机器人巡线挑战项目非常适合初学者参与。这节课就让我们来看看,怎样发挥小机器人已经具备的各项能力参加机器人巡线挑战赛吧!

一、机器人大赛

RoboRave 巡线挑战赛是一项青少年国际机器人比赛项目,比赛中用机器人模拟了未来世界中的自动驾驶载重汽车,它们可以自动地沿着规划好的轨迹将货物从仓库运送到卸货码头。

本项目参赛对象为初中学生和小学生,每4人组成一队。要求参赛选手现场搭建各自的机器人并且对它进行编程。同学们所设计的机器人需要在限定时间内,由程序自动控制完成巡线、通过路口、运货、卸货等任务。

比赛场地里包括了一个出发区和一个卸货区,卸货区内的一个一边开口的箱子是卸货塔,机器人就要把货物倒在卸货塔中。RoboRAVE 的比赛场地就像图 12-1 中所给出的这样。

比赛一旦开始,机器人就要从出发区启动沿着黑线前进,通过路口、障碍物等重重考验,一直到达卸货塔前停下,然后把所装载的货物(乒乓球)倒入塔中,之后再转身沿着黑线走回出发区,这样机器人就完成了基础得分阶段,在这个阶段中启动、通过路口、卸货、转身等一系列关键动作都是单独计分的。

而当机器人成功完成了上述的一系列动作后,就进入了附加得分阶段,这个阶段的任务是在整轮比赛的 3min 时限到时之前,将更多的货物运送到卸货塔中。需要注意的是,整个比赛过程机器人都必须要自主完成,也就是说不允许有任何形式的遥控。那么如果机器人出了小故障怎么办呢? 没关系,在比赛中

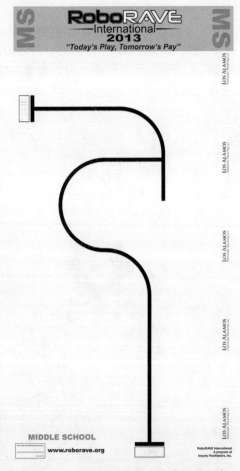

图 12-1 RoboRAVE 机器人竞赛场地示意

们允许同学们用手去接触机器人,只不过一旦接触了机器人就要把它拿回到启动区重新启动了,但是前面已经得到的分数并不会受到影响。

如果仔细研究上面所说的规则,聪明的同学可能已经想到了一个有趣的策略,当进入附加得分阶段后,如果每次机器人卸完货我们就去用手触碰机器人,是不是就可以把它直接拿回启动区而省去了让它自己巡线回家的过程呢? 没错,这并不是比赛规则的缺陷,在真正的国际比赛上大家都是这么做的。比赛时你通常会看到好几个队员共同合作,有的去拿机器人,有的去准备货物,有的负责装载货物,很是紧张。

二、巡线挑战赛任务分解

看起来在巡线挑战赛中机器人似乎需要完成很多的工作,我们的机器人目前已经具备了这些能力吗? 同学们遇到这类复杂的问题时,首先应该想到我们已经教会大家的"分而治之"的思考方法。我们来看看机器人都需要完成哪些工作:巡线、通过各种路口、在卸货塔(障碍物)前停下、驱动机器人的运货机构(机器人的手臂)卸载货物、转身回家。这样看来,似乎所有这些工作所需的能力,我们的机器人都已经具备,只需要把它们整合起来就可以完成比赛了。

实验活动 机器人巡线挑战赛

实验器材

- 组装好的小机器人;
- 计算机及编程环境;
- USB 下载线;
- 黑色绝缘胶布 1 卷;
- 用于制作货仓和卸货塔的硬纸板、矿泉水瓶等材料若干;
- 地面灰度检测传感器 4 只;
- 舵机 1～2 个;
- 红外避障传感器 1～2 个。

实验步骤

1. 连接和组装机器人

将地面灰度传感器连接到 A0～A3 端口,红外避障传感器连接到 2 号端口,舵机连接到有 PWM 输出功能的 3 号、5 号或 9 号端口。

2. 制作货仓机构

下面就来制作机器人的运货机构。请同学们用 1～2 个舵机做它的驱动器,然后尽量用硬纸板、矿泉水瓶等生活中常见的材料制作一个高效的货仓。

货仓机构是比赛取得高分的关键,它应该非常便于快速地装载乒乓球货物,又能准确、迅速地把货物投放到卸货塔里去。越大的货仓意味着能一次运送越多的货物,不过同时它的自重很大也会影响机器人的发挥。制作一个好的货仓往往需要多次的实验尝试,请同学们自己去动手试试看。图 12-2 中演示了两种不同的制作货仓装置的思路。

3. 开始比赛

刚才已经分析过,完成这项比赛所有的技能我们的机器人都已经具备了,就请同学们将前面课程中给出的程序整合起来,然后照老规矩进行下载和调试。

各个环节都调试成功之后,就可以进入激动人心的比赛环节了。在正式比赛中会有

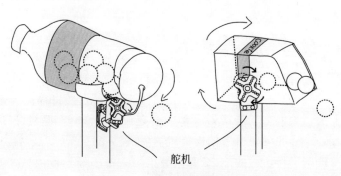

图 12-2　投球机构设计示例

裁判为大家进行计分,不过如果我们组织一次同学们之间的友谊赛,就需要自己记录分数。表 12-1 为我们提供了一个计分表格的示例。好了,现在就让我们开始比赛吧,看看哪个小组能够取得最高的分数。

表 12-1　RoboRAVE 机器人巡线挑战赛计分表

参赛队:＿＿＿＿＿＿＿＿＿＿＿　　　　　　　　　　　　　　　组别:＿＿＿＿＿

事　　项	分　　值	完成情况	得分
离开基地	25	是	25
通过丁字路口	25	是	25
停于卸货塔前	50	是	50
卸货	100	是	100
转身并开始巡线返回	50	是	50
返回时通过丁字路口	50	是	50
成功返回基地	100	是	100
货物得分	每个 1 分	125 个	125
总分			525

关于取消比赛资格的记录:

裁判员:＿＿＿＿＿＿＿＿＿＿＿＿　　　　　记分员:＿＿＿＿＿＿＿

参赛队长签名:＿＿＿＿＿＿＿＿＿＿＿

拓展活动　处理更复杂的路线

　　既然比赛模拟了未来世界中自动驾驶的载重汽车,那么在真实的环境中还可能出现各种更加复杂的路况信息,如图 12-3 所示。比如路线可能会断掉一小段,或是有一个障碍物挡在了路线正中央(用装满水的矿泉水瓶代替)。这时,机器人又该如何处理呢? 当同学们的机器人都能够完成简单的比赛路线时,可以在比赛中加入这些复杂的因素。想一想,机器人的程序该如何进行修改呢? 针对断路和障碍两种问题,写出你的编程思路,试试看能否有效地解决问题?

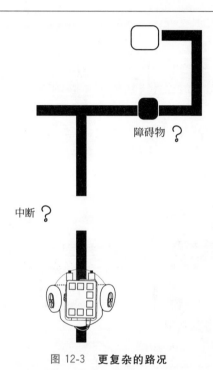

图 12-3　**更复杂的路况**

第十三课　能灭火的机器人

在未来的某一天,你正在家里午休,突然,火警的铃声响了。你想起来了,可能是刚才忘记关掉的灶台惹的祸。但这时你并不用惊慌失措,未来家庭中必备的灭火小机器人马上就自动行动起来了。它依靠灵敏的"眼睛"很快定位了火源,并且迅速移动到近前把火源扼杀在萌芽中。在青少年教育机器人大赛中,机器人灭火也是一个很有意思的比赛项目,它就模拟了未来世界中的自动灭火机器人的工作场景。

本节课我们就来学习,要想让小机器人学会自动灭火还需要它掌握哪些技能。

一、灭火机器人必备技能

自动灭火的机器人肯定要具备至少两项技能：一是发现并接近火源；二是靠近火源后用灭火装置把火源熄灭。

1. 继电器的作用

首先来看看，如果机器人已经找到火源了，应该怎样把它熄灭。说到熄灭蜡烛的装置，同学们第一个想到的方案是什么呢？是不是用风去吹灭它呢？没错，在灭火比赛中，最容易被想到用来灭火的装置就是小型电风扇了，这是最简单直接的灭火方案。它的结构非常简明，控制也很容易，只需要一个小小的直流电机加上一片扇叶就足够了。灭火比赛的规则要求灭火装置只有在机器人发现并靠近火源的时候才可以被开启。也就是说，机器人的主控程序要在到达蜡烛近前的时候才可以控制直流电机开始转动，而在平时小风扇是不转动的。这个规定听起来似乎就像用程序控制一个开关一样简单。

也许同学们已经联想到了我们用主控板对 LED 小灯模块的控制。没错，其实我们的小机器人需要做的就只是一个开关动作而已，和控制小灯并没有什么本质的区别。但是，有一点决定了我们不能直接套用以前的老办法到小风扇上。这个原因就是：让小风扇的直流电机(注意，这里所用的不是直流减速电机，因为这里希望风扇能够快速转动，但并不需要有太大的力量)转动所需的电流要远远大于点亮一盏 LED 小灯所需的电流。而机器人主控板的端口所能够直接提供的电流就只有几十毫安那么多。如果输出的电流大于这个数字，电机就难以有力地转动了，严重时还可能会造成主控板端口烧毁的事故。既然如此，我们就不能直接把小风扇接到数字输出端口上，然后用 digitalWrite 函数控制它的转动了。

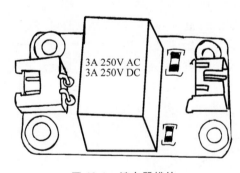

图 13-1　继电器模块

那么应该怎么办呢？不用担心，有一个很巧妙的办法可以用来绕过大电流的问题。那就是使用一种叫作继电器的电子元件，如图 13-1 所示，来完成用"弱电"控制"强电"的任务。在我们这儿，主控板上的数字输出端口上的电流就是弱电，而驱动小风扇和直流电机的就是强电。最经典的继电器结构就是靠弱电驱动一块小电磁铁来开合强电电路的。当我们用 digitalWrite 函数控制继电器的弱电端时，电磁铁就会产生磁场，然后开关就会在磁力的作用下吸合，之后强电端的电路就接通了。这样只需要一点点的电流，就可以控制电机转动起来。图 13-1 中就是我们所使用的继电器模块。

继电器模块有两个接口，3 根线那边就是弱电端，直接接到主控板的数字输出上。而两根线的那端则是强电端，可以用来连接直流小电机，连线如图 13-2 所示。有了继电器的帮助，在程序员看来控制直流小电机的转动就和控制一个 LED 小灯模块的亮灭没什么不同了。

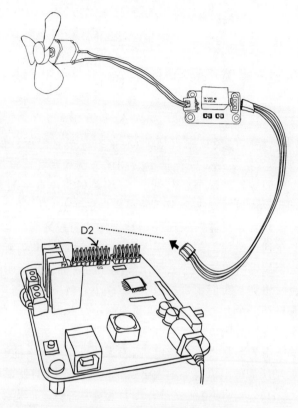

图 13-2　通过继电器驱动小电机

2. 用"复眼"发现火源

机器人又是如何去发现火源的呢？同学们都知道,很多昆虫都是有复眼的,这些复眼可以帮助它们做到真正的眼观六路。在我们的课程所用的机器人套件中也为大家提供了一个"复眼"传感器,如图 13-3 所示。它就是小机器人专门用来寻找火源的工具。其实,"复眼"传感器是由朝向 5 个不同方向的红外线探头组成的传感器电路。火焰所发出的光中红外线是很主要的成分,因此,我们用程序读取复眼的红外线探头的探测值,并且找到

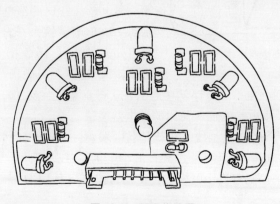

图 13-3　复眼传感器

信号最强的方向就可以得知蜡烛相对机器人的位置了。

　　显然，复眼传感器所返回的探测值应该是一组 5 个模拟值。在使用时，需要把它连接到 5 个模拟输入端口上去，然后分别用 analogRead 函数获取它的读数。在执行灭火任务时，主控程序每隔一小段时间，就要去挨个查看一遍这些模拟输入端口上的数值，并且比较判断哪个方向是信号最强的方向。而火源就应该处在信号最强的方向上。发现火源后，机器人可以根据这方向信息生成电机控制指令，朝着火源前进。而当灭火装置正前方的红外传感器接收到的足够强的信号时，说明我们已经离火源很近了。这时还等什么？让机器人立刻全力开动风扇，把蜡烛熄灭吧！

二、机器人灭火挑战赛

　　机器人灭火挑战赛也是 RoboRAVE 国际机器人大赛中的一项挑战任务。它的场地如图 13-4 所示，在用黑色胶带作为边界围起来的 4.8m×2.4m 的场地上，有 4 个用蜡烛或煤油灯代替的火源，其中有 3 个被挡板遮挡住。比赛时要求参赛选手设计和编程自主机器人，让它能够在限定时间内，在场地中自主地寻找火源，并且绕过障碍物熄灭火源。

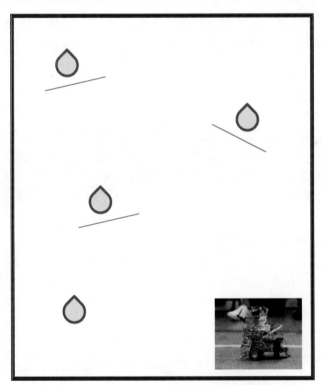

图 13-4　RoboRAVE 机器人竞赛场地示意

实验活动 能灭火的机器人

实验器材

- 组装好的机器人；
- 计算机及编程环境；
- USB 下载线；
- 复眼传感器 1 个；
- 带桨叶的直流小电机 1 个；
- 继电器 1 个；
- 微触开关传感器 1 个。

实验步骤

1. 连接机器人

这次实验需要为机器人在 D3 端口安装一个微触开关传感器，在 D2 端口上装上一个继电器，并且通过它驱动一个直流小电机。同时，我们将复眼传感器连接到 A0～A4 端口。在安装复眼传感器的时候请同学们小心接线的顺序，它与我们其他的传感器、执行器稍有不同，虽然占用了 5 个端口，但是只要为它连接一根 +5V 的电源线和一根地线就可以了。

2. 驱动风扇

首先编写程序，每按下一次微触开关，就让风扇的状态变化一次。比如，如果风扇正在旋转，那么按下一次开关，就让它立刻停止，反之亦然。对于如何读取微触开关传感器的状态和如何通过继电器驱动风扇，同学们都应该了然于胸了。但是这里的程序和本书一开始做过的开关小灯的程序还是有所不同的，我们可能需要对按动微触开关的次数进行计数，才能知道什么时候该驱动风扇转动，什么时候该让它停止。下面给出了一个示例程序，请大家留意其中是如何处理微触开关的计数的。

```
const int FanPort=2;
const int SwitchPort=3;
int counter=0;
void setup(){
    pinMode(FanPort,  OUTPUT);
    pinMode(SwitchPort, INPUT);
}

void loop(){
    if(digitalRead(SwitchPort)==HIGH){    //如果按下了微触开关让计数加 1
        counter++;
    }
    if(counter %2==0){                    //偶数次时让风扇停止
        digitalWrite(FanPort, LOW);
```

```
    }else {
        digitalWrite(FanPort, HIGH);
    }
    delay(200);
}
```

在这个示例程序中,每次按下微触开关就让一个计数变量自动增 1。然后,我们用了一个取模的运算"％",在这里,counter ％ 2 的结果就是这个计数变量除以 2 的余数是多少。显然,如果余数是 0,那么计数变量就是偶数,否则就是奇数。之后的内容就很直观了,奇数时我们让风扇转动,偶数时停止就可以了。

这个示例看起来似乎很完美,可是实际上这里有一个很大的问题,如果同学们按动按键的时候有一个很小的抖动,那么会不会被主控器认为是按了两次呢? 或者如果按下按键的时间比较长,是不是也会被认为按了多次? 幸运的是,我们可以用软件的方法解决这种抖动或按键时间过长的问题,请同学们自己尝试设计一个改进的算法,让开关能完美地控制风扇的运行。

3. 寻找火源

解决了风扇的问题,再来看看如何利用复眼传感器找到火源。这个问题可以说是到目前为止面对的最富挑战性的问题了,机器人需要在灭火的场地内以合理的方式探索寻找火源的所在,并且运动到火源近前,它涉及机器人的灭火策略、路径规划、运动控制等多方面的问题。

但同学们不要畏难,还记得我们讲过的分而治之、简化问题的思想吗? 这里就先将这个问题简化。假设现在已经有一个火源就在机器人的探测范围内。我们要让机器人的行为就像是一朵向日葵一样,它需要找到火源的方向并且原地转动,直到复眼中正对前方的那一只眼睛正对火源方向为止,如图 13-5 所示。

图 13-5　机器人寻找火源

要解决这个简化的问题,需要对复眼的 5 个读数进行比较,找到信号最强的方向应该就是火源的方向了。随后就可以让机器人根据火源方向的不同,进行速度不同的原地转动。如果火源在最靠外的位置就可以转得快些,靠内就转得慢些,如果已经是在正中了就可以停止转动了。假设复眼传感器从左到右分别连接到了主控板的 A0~A4 端口,下面给出了让机器人寻找火源的示例程序,请同学们留意其中是怎么找到最强信号位置的。

```
...
#define COUNTER_CLOCKWISE   0
#define CLOCKWISE       1
...
void turn(int speed, int dir);
...
void loop(){
    int maxValue=0;
    int maxPort=A0;
    int value;
    for(int i=A0; int i<A4; i++){        //找到信号最强的传感器的端口号
        value=analogRead(i);
        if(value>maxValue){
            maxValue=value;
            maxPort=i;
        }
    }
    if(maxPort==A0){                      //最左传感器信号最强,顺时针较快速度转动
        turn(120, CLOCKWISE);
    }else if(maxPort==A1){                //左中传感器信号最强,顺时针较慢速度转动
        turn(80, CLOCKWISE);
    }else if(maxPort==A2){                //正中传感器信号最强,停下不动
        turn(0, CLOCKWISE);
    } else if(maxPort==A3){               //右中传感器信号最强,逆时针较慢速度转动
        turn(80, COUNTER_CLOCKWISE);
    }else if(maxPort==A4){                //最右传感器信号最强,逆时针较快速度转动
        turn(120, COUNTER_CLOCKWISE);
    }else{                               //否则停下不动
        turn(0, CLOCKWISE);
    }
    delay(100);
}
void turn(int speed, int dir){
    analogWrite(LeftSpeedPort, speed);
    analogWrite(RightSpeedPort, speed);
    if(dir==CLOCK){                      //顺时针转动
        digitalWrite(LeftDirPort, HIGH);
        digitalWrite(RightDirPort, LOW);
    }else{                              //逆时针转动
        digitalWrite(LeftDirPort, LOW);
        digitalWrite(RightDirPort, HIGH);
    }
}
```

拓展活动一　新奇的灭火装置

除了用风扇吹灭火源外，你能想到的灭火方案还有哪些？试着描述灭火原理和实现方案（见表13-1）。

表 13-1　观察情况表

灭火原理	实现方案	所需器材

拓展活动二　进行灭火挑战赛

现在同学们应该已经学会了寻找火源和控制灭火装置熄灭火源，可以说进行灭火挑战赛的障碍已经被扫除了大半。但实际上，我们的机器人离成功地进行灭火挑战赛还有一定的距离。如何有效地探索整个场地找到蜡烛？找到蜡烛后走一个什么样的路径能够方便地进入灭火装置的工作范围？这些极具挑战性的问题都需要我们去解决。这些就留待同学们在学习本书后继续研究。

注意：在进行灭火挑战赛时，请务必注意安全，必须在一个较大空间，无易燃物处进行。

附录 A Arduino 机器人使用说明

一、主控制板接口概述

l. 主控制板接口图(见图 A-l)

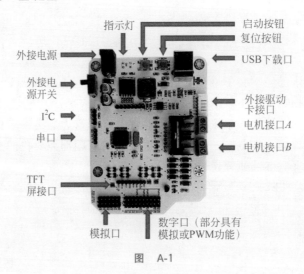

图 A-1

2. 主板接口简述

(1) 外接电源开关。控制外接电源供电的通、断。

(2) 外接电源。使用外部电源供电的插头。

(3) 指示灯。共有两个指示灯,从左到右依次表示:电源通断,下载呼吸灯。

(4) 启动按钮。运行程序。

(5) 复位按钮。主板复位。

(6) USB 下载口。连接 USB 线下载程序,同时可以从 USB 接口供电。

(7) 外接驱动卡接口。提供六线驱动信号,可外接驱动卡。

(8) 电机接口 A。提供两线接口连接电机。

(9) 电机接口 B。提供两线接口连接电机。

(10) 数字接口(部分具有模拟或 PWM 功能)。提供数字信号的输入输出功能,部分接口具有输入模拟量或输出 PWM 信号或驱动舵机的功能。

(11) 模拟接口。提供模拟信号的输入功能。

(12) TFT 屏接口。提供 128×160 大小的 TFT 屏驱动信号。

(13) 串口。硬件串口。

(14) I²C。硬件 I²C。

二、编程软件安装使用说明

1. 软件安装说明

双击软件图标 ![Rarduino.exe]，出现如图 A-2 所示对话框。

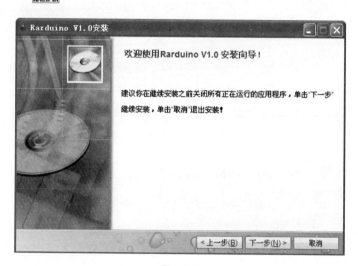

图 A-2

单击"下一步"按钮，出现如图 A-3 所示对话框。

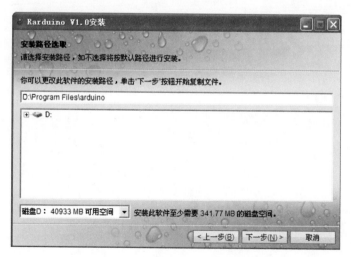

图 A-3

选择所要安装的位置，继续单击"下一步"按钮，显示安装进程如图 A-4 所示。
安装完成后显示如图 A-5 所示。

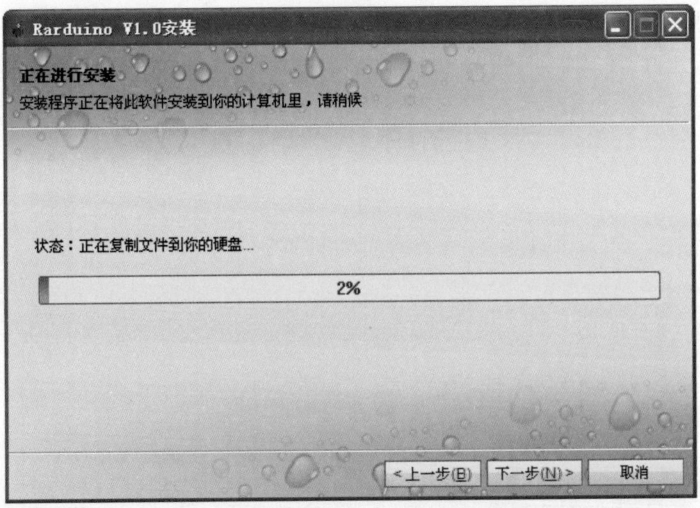

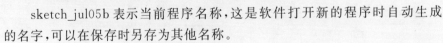

图 A-4

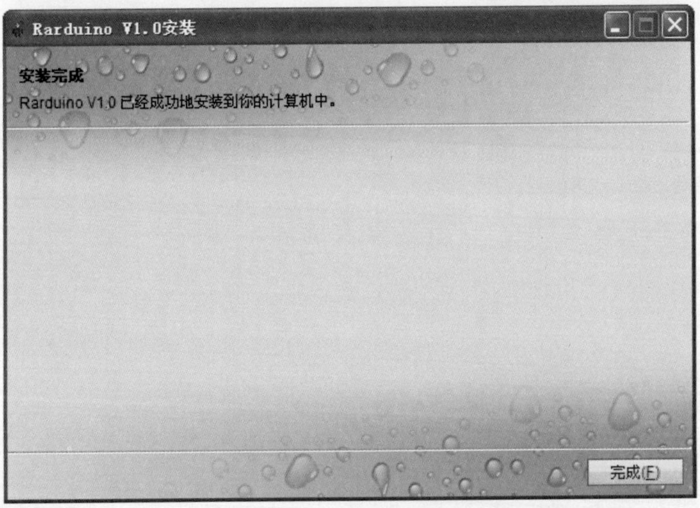

图 A-5

2. 软件使用概述

软件安装完成后,桌面上会出现编程软件快捷方式,如图 A-6 所示。

双击运行软件,打开的软件界面如图 A-7 所示。

(1)标题栏。软件界面最上面是标题栏,如图 A-8 所示。

sketch_jul05b 表示当前程序名称,这是软件打开新的程序时自动生成

图 A-6

的名字,可以在保存时另存为其他名称。

Arduino 1.5.2 表示当前软件的版本。

(2)菜单栏。软件界面第二栏是标题栏,如图 A-9 所示。

① "文件"菜单中包含图 A-10 所示选项。其中,需要说明的是"示例"和"参数设置"。

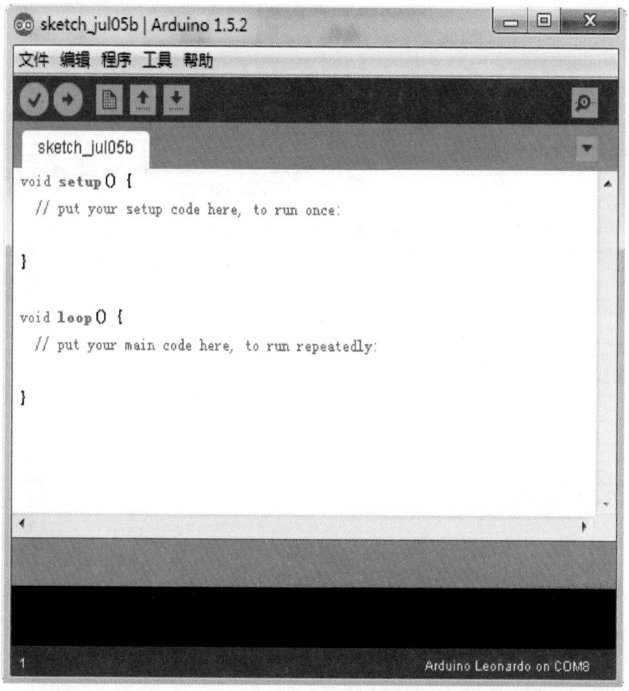

图　A-7

图　A-8

文件　编辑　程序　工具　帮助

图　A-9

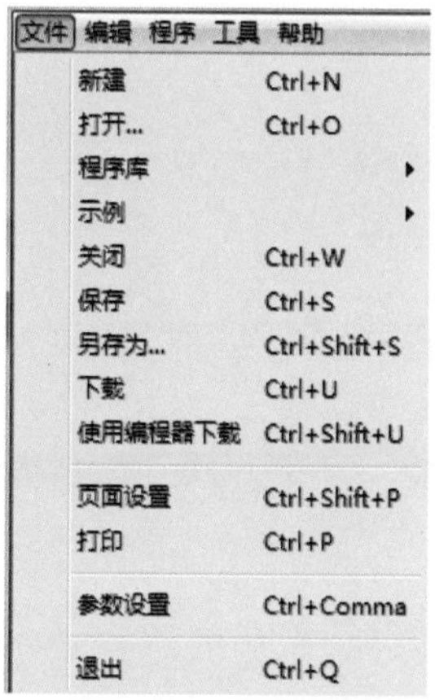

图　A-10

a. "示例"里面有软件自带的例子。例如,单击"示例"→"03. Analog"→"AnalogInOutSerial",如图 A-11 所示,打开的程序实现的功能是:从模拟口读取数据,将数据从串口发出。

图　A-11

    b. "参数设置"里面有几个有用的设置,单击"参数设置",打开对话框,如图 A-12 所示。

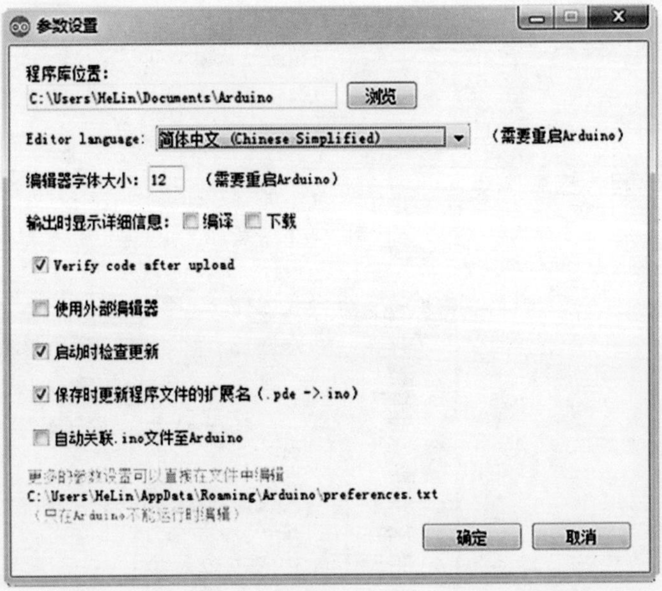

图　A-12

    其中,需要用户在"程序库位置"文本框中设置程序默认的存储位置。在 Editor language 下拉列表框中选择默认语言。软件提供了多种语言供选择,一般中文用户选择"简体中文"。

② “编辑”菜单中包含编辑器的通用文本操作，此处略去。

③ “程序”菜单中包含编译、程序库引入等选项，如图 A-13 所示。

程序 工具 帮助
校验/编译 Ctrl+R
显示程序文件夹 Ctrl+K
加入文件...
导入库...
Add Library...
Arduino AVR Boards
EEPROM
Esplora
Ethernet
Eye
Firmata
LiquidCrystal
Motor
SD
Servo
SoftwareSerial
SPI
Stepper
WiFi
Wire

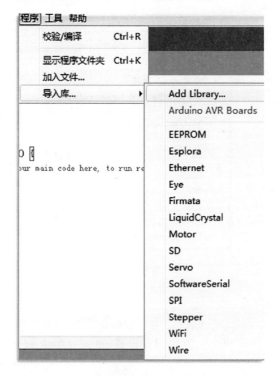

图　A-13

一般用户较常使用的功能包括“校验/编译”和“导入库”命令。

例如，单击“导入库”子菜单中的 Servo 命令，将为程序导入舵机控制库。程序编辑器中将会被自动添加库的头文件，即添加以下语句(见图 A-14)：

```
"#include <Servo.h> "
```

sketch_jul05b §
#include <Servo.h>
void setup() {
// put your setup code here, to run once:
}
void loop() {
// put your main code here, to run repeatedly:
}

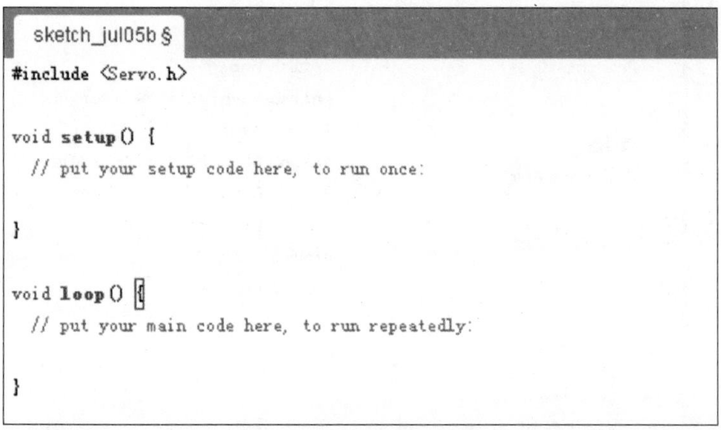

图　A-14

此后，就可以编写舵机控制程序了。

④ "工具"菜单包含程序编译等项目，如图 A-15 所示。

图　A-15

其中最为常用的项目如下：

a. 串口监视器。一个可以接收发送串口数据的界面。

b. ArduBlock。一个可视化的流程图编辑器，可同时生成 C 语言代码。

c. 板卡。选择当前所使用的 Arduino 主控制器类型，这里选择 Arduino Leonardo，如图 A-16 所示。

图　A-16

d. 串口。当主板与计算机连接后，计算机上会虚拟出一个串口，单击"串口"将显示目前连接的串口号，如图 A-17 所示。

当出现多个串口号时,需要用户自己选择串口号。如果用户不知道当前串口号,可以通过以下操作查看:执行"我的电脑"→"属性"→"设备管理器"命令查看,如图 A-18 所示。

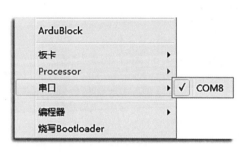

图　A-17

图　A-18

当前 Arduino 主控板的串口号为 COM8。

⑤ "帮助"菜单。如果对 Arduino 的系统函数有不了解的地方,可以参看帮助菜单中的"参考手册"。

(3) 快速工具栏。如图 A-19 所示,依次表示:编译,下载,新建,打开,保存,打开串口监视器。

图　A-19

3. 编写一个简单的程序

(1) 新建一个空程序。单击"文件"→"新建"菜单命令,软件将创建一个新的窗口,将在其中编辑自己的程序代码,如图 A-20 所示。

图　A-20

同时,软件将会自动生成以下代码:

```
void setup(){
    //put your setup code here, to run once:
}

void loop(){
    //put your main code here, to run repeatedly:
}
```

(2) 添加代码。在上述自动添加代码的基础上编写用户代码:

```
const int analogInPin=A0;                    //定义模拟输入端口号常量
int sensorValue=0;                           //定义模拟输入值变量
void setup(){                                //此函数只运行一次,通常放初始化代码
    //put your setup code here, to run once:
    Serial.begin(9600);                      //串口初始化,波特率为 9600
}

void loop(){                                 //此函数循环运行,放置主代码
    //put your main code here, to run repeatedly:
    sensorValue=analogRead(analogInPin);     //读取模拟口数据
    Serial.print("sensor=");                 //串口发送字符串
    Serial.print(sensorValue);               //串口发送数据
    Serial.print("\n");                      //串口发送字符 '\n' 表示换行
    delay(1000);                             //延时毫秒数,此处表示延时 1s
}
```

(3) 连接 Arduino 主板。参见"软件使用概述"中菜单介绍部分,选择板卡类型为 Arduino Leonardo,并自行查看和选择端口号。

(4) 下载。单击工具栏中编译按钮 ✓ ,编译完成后单击下载按钮 ➤ ,下载完成后,软件下方会出现提示"下载完毕"字样(见图 A-21)。

图 A-21

(5) 查看串口输出。单击工具栏中串口监视器按钮 🔍 ,或选择"工具"→"串口监视器"菜单命令打开串口监视器。

从串口监视器中将显示输出了从模拟口采集到的数据,如图 A-22 所示。

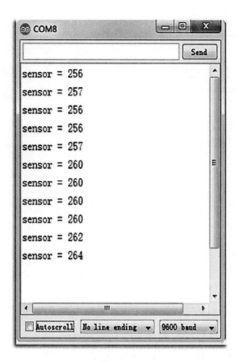

图　A-22

三、外接设备编程

I.模拟量输入

可以输入模拟量的端口为 A0、A1、A2、A3、A4、A5、A6、A7、A8、A9(见图 A-23)。

从图 A-23 中可以看到,接口均为 3 芯排针,黑色连接 GND,红色连接 VCC,黄色连接信号线。

(1) 连接器件。在模拟口 A0 插上一个地面灰度检测模块,如图 A-24 所示。

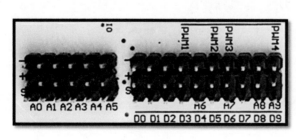

图　A-23

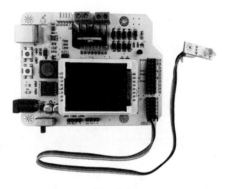

图　A-24

(2) 编写代码。

```
int analog_val=0;
```

```
void setup(){
    //put your setup code here, to run once;
}

void loop(){
    //put your main code here, to run repeatedly;
    analog_val=analogRead(A0);
}
```

此段代码读取模拟端口 A0 上的输入值。

其中函数说明如下：

analogRead(端口号)

用法：函数 analogRead() 用于读取模拟端口，返回模拟值取值范围 0～1023。

示例：

```
int analog_val=analogRead(A0);
```

其中，整数型变量 analog_val 用于接收返回值。常量 A0 表示模拟端口号，在系统文件中有定义"static const uint8_t A0＝18;"

同理，要读取模拟端口 9，则使用端口号 A9，以此类推。

2. 数字量输入

可以输入数字量的端口为 D0、D1、D2、D3、D4、D5、D6、D7、D8、D9（见图 A-25）。

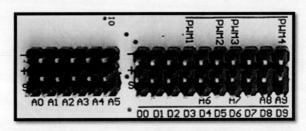

图 A-25

从图 A-25 中可以看到，接口均为 3 芯排针，黑色连接 GND，红色连接 VCC，黄色连接信号线。

下面使用 RJ11 接口的扩展转接板和 RJ11 接口的传感器来做实验转接板与主板连接及接口，如图 A-26 所示。

（1）连接器件。在数字口 D3 上连接一个微触开关传感器，如图 A-27 所示。

（2）编写代码。

```
int digital_val=0;
void setup(){
    //put your setup code here, to run once;
    pinMode(3, INPUT);
}
```

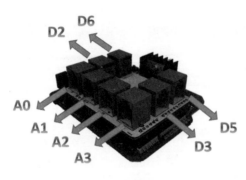

图　A-26

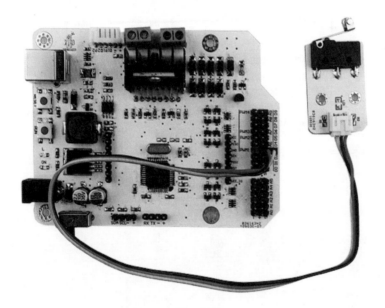

图　A-27

```
void loop(){
    //put your main code here, to run repeatedly;
    digital_val=digitalRead(3);
}
```

此段代码接收连接到 D3 端口上的微触开关传感器的输入。

其中函数说明如下：

① pinMode(端口号，INPUT/OUTPUT);

用法：pinMode 用于设置数字端口的功能为输入(INPUT)或输出(OUTPUT)。

示例：

```
pinMode(3, INPUT);
```

将 D3 号端口设置为输入(INPUT)模式，可以用它连接各种数字(开关)传感器。

② digitalRead(端口号);

用法：函数 digitalRead() 用于读取模拟端口，返回模拟值取值范围为 0～1023。

示例：

```
digital_val=digitalRead(3);
```

其中，digital_val 用于接收返回值，函数 digitalRead() 用于读取数字端口，返回数字量值，范围为 0(LOW) 或 1(HIGH)。常量 3 表示数字端口号。同理，如果要读取数字口 9，则端口号为数字 9。

3.数字量输出

可以输出数字量的端口为 D0、D1、D2、D3、D4、D5、D6、D7、D8、D9(见图 A-28)。

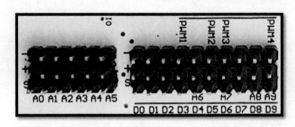

图　A-28

从图 A-28 中可以看到，接口均为 3 芯排针，黑色连接 GND，红色连接 VCC，黄色连接信号线。

(1) 连接器件。下面使用 RJ11 接口的转接板和 RJ11 接口的传感器来做实验，转接板与主板连接及接口如图 A-29 所示。

在数字口 D3 插上一个 LED 灯，如图 A-30 所示。

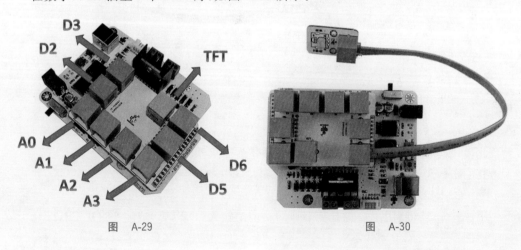

图　A-29　　　　　　　　　　　　　　　图　A-30

(2) 编写代码。

```
void setup(){
  pinMode(3, OUTPUT);
}
```

```
void loop(){
    digitalWrite(3, HIGH);
    delay(1000);
    digitalWrite(3, LOW);
    delay(1000);
}
```

此段代码令连接到 D3 口的 LED 灯以 2s 的周期闪烁。

其中函数说明如下：

① pinMode(端口号,INPUT/OUTPUT)；

用法：pinMode 用于设置数字端口的功能为输入(INPUT)或输出(OUTPUT)。

示例：

```
pinMode(3, OUTPUT);
```

将 D3 号端口设置为输入(INPUT)模式,可以用它连接各种数字(开关)传感器。

② digitalWrite(端口号,LOW/HIGH)；

用法：函数 digitalWrite ( ) 用于设置数字端口输出值。参数为 LOW 时代表输出低电平,HIGH 时代表输出高电平。

示例：

```
digitalWrite(3, HIGH);
```

从 D3 端口输出高电平,数字 3 表示数字端口号。常量 HIGH 表示输出高电平 5V,常量 LOW 表示输出低电平 0V。

4. PWM 输出(用数字端口实现的模拟输出)

主控板上支持 PWM 输出的端口为 D3、D5、D6、D9(见图 A-31)。

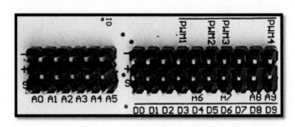

图　A-31

由图 A-31 中可以看到,接口均为 3 芯排针,黑色连接 GND,红色连接 VCC,黄色连接信号线。

(1) 连接器件。在数字口 D3 插上一个 LED 灯,如图 A-32 所示。

(2) 编写代码。

```
void setup(){
}
```

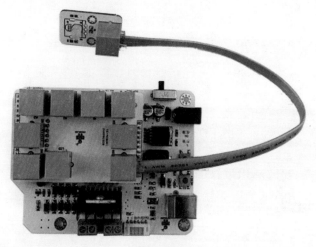

图　A-32

```
void loop(){
    for(int i=0; i<255; i++){
        analogWrite(3, i);
        delay(5);
    }
    delay(5);
}
```

此段代码令连接到 D3 端口上的 LED 小灯发生周期性的明暗变化。

其中函数说明如下：

analogWrite(端口号，0～255)；

用法：函数 analogWrite()用于设置支持 PWM 功能的端口输出值。参数为操作的端口号及取值范围为 0～255 的数值。

示例：

```
analogWrite(3, i);
```

从 D3 端口输出 PWM 信号，数字 3 表示数字端口号。变量 i 表示输出 PWM 值，范围为 0～255，数值 0 表示 PWM 占空比为 0%，数值 255 表示 PWM 占空比为 100%。

5. 电机控制

（1）连接器件。

① 电机安装如图 A-33 所示。

② 电机接线如图 A-34 所示。

注意：以下示例均以上述接线为基础，如果改变接线则应相应地在代码中进行修改。

（2）编写代码。

① 添加电机库头文件。单击菜单"程序"→"导入库"→Motor 命令，如图 A-35 所示。

此时，编辑器第一行将出现"＃include ＜Motor.h＞"，即电机库的头文件已经被包含在工程中。

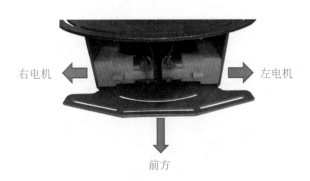

右电机 ← 　 → 左电机

↓

前方

图　A-33

图　A-34

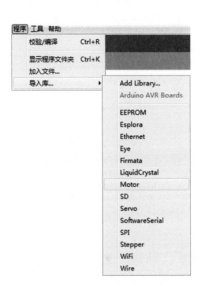

图　A-35

② 编写以下代码：

```
#include<Motor.h>
void setup(){
    motor.init();
}
void loop(){
    motor.run(50,50);
    delay(1000);
    motor.setMotor(0,0);
    delay(1000);
    motor.stop();
    delay(1000);
}
```

其中函数说明如下：

a. motor. init()；

表示电机的初始化。

b. motor. run(leftV，rightV)；

设置电机的转动速度。

示例：

```
motor.run(50,50);
```

令左电机以 50 的速度转动,右电机以 50 的速度转动,其中第一个参数表示左电机的速度,第二个参数表示右电机的速度。范围为 −100~100,负值表示向后,正值表示向前。

注意：这里的电机速度是一个没有单位的量,具体转速与电池电压、机器人负载、摩擦力等诸多因素相关。

c. motor. setMotor (0/1，−100~100)；

示例：

```
motor.setMotor(0, 100)
```

表示让左电机以 100 的速度转动。第一个参数表示电机编号,0 表示左电机,1 表示右电机；第二个参数表示电机的速度。

d. motor. stop()；

表示让所有电机停止。

6. 复眼传感器

(1) 连接器件。复眼传感器接线如图 A-36 所示。

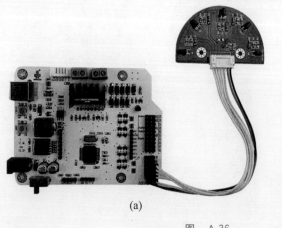

(a)

(b)

图　A-36

3 芯排针插在 A0 端口,4 芯信号线插在 A1、A2、A3、A4 上。

（2）编写代码。

① 添加复眼库头文件。选择菜单中"程序"→"导入库"→Eye 命令，如图 A-37 所示。

此时，编辑器第一行将出现"#include <Eye.h>"，即复眼驱动库的头文件已经被引入到工程中。

② 编写以下代码：

图　A-37

```
#include<Eye.h>
int min_value;
int min_index;
int max_value;
int max_index;
int single_value;
void setup(){
}
void loop(){
    min_value=eye.minValue();
    min_index=eye.minIndex();
    max_value=eye.maxValue();
    max_index=eye.maxIndex();
    single_value=eye.singleValue(0);
}
```

其中函数说明如下：

a. min_value＝eye.minValue()；

表示获取复眼最小值。范围为 0～1023。

b. min_index＝eye.minIndex()

表示获取复眼最小值通道号。范围为 0～4。

c. max_value＝eye.maxValue()

表示获取复眼最大值。范围为 0～1023。

d. max_index＝eye.maxIndex()

表示获取复眼最大值通道号。范围为 0～4。

e. single_value＝eye.singleValue(0)

表示获取复眼单个通道值。参数范围为 0～4 为所要获取的复眼通道编号，返回值范围为 0～1023。

7. TFT 液晶屏

（1）连接器件。TFT 屏连接如图 A-38 所示。

（2）编写代码。

① 添加 TFT 库头文件。选择菜单中"程序"→"导入库"→TFT 命令，如图 A-39 所示。

此时，编辑器第一行将出现"#include <TFT.h>"，即 TFT 液晶屏幕驱动库的头文件已经被引入到工程中。

机器人的天空——基于 Arduino 的机器人制作

图　A-38

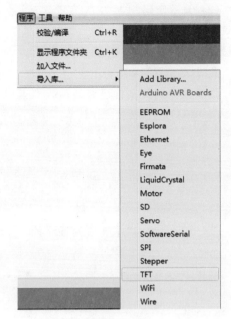

图　A-39

② 编写以下代码：

```
#include<TFT.h>
int cnt=0;
void setup(){
    tft.init();
}
void loop(){
    tft.printf(0,"hello\ncnt=%d\n",cnt);
    tft.printf(9,"printf in line 9\n");
    cnt++;
}
```

其中函数说明如下：

a．tft.init();

表示对 TFT 屏幕初始化。

b．tft.printf(行号，格式化输出字符串)；

示例：

```
tft.printf(0, "hello\ncnt=%d\n",cnt);
```

表示在第 0 行格式化输出字符串，其中 cnt 为一个整数型的计数值。

```
tft.printf(9, "printf in line 9\n");
```

表示在第 9 行格式化输出字符串。

输出结果如图 A-40 所示。

图　A-40

注意：关于格式化输出的使用和格式，请自行查阅 C 语言文档中关于 printf 函数的说明。

附录 B 主控制器端口说明

本书使用的主控制器为用户提供了多个不同功能的端口,提供了数字输入/输出、模拟输入、模拟(PWM)输出、电机驱动、串口通信等功能。这些功能在端口之间有很多的交叉和重合,为了清晰起见,把这些端口的功能总结为下面的表格。在设计机器人的功能时可以很方便地通过查阅表格,以确定端口资源的分配。

端口编号	数字输入/输出	模拟输出	模拟输入	其 他 说 明
D0	●			串口通信发送端
D1	●			串口通信接收端
D2	●			可使用中断
D3	●	●		可使用中断
D4/A6	●		●	
D5	●	●		
D6/A7	●	●	●	
D7	●			
D8/A8	●		●	
D9/A9	●	●	●	
D10	●	●	●	可由 digitalWrite 函数,控制电机 1 的方向
D11	●	●		可由 analogWrite 函数,以 PWM 技术控制电机 1 的转速
D12	●		●	可由 digitalWrite 函数,控制电机 2 的方向
D13	●	●		可由 analogWrite 函数,以 PWM 技术控制电机 1 的转速
A0	●		●	
A1	●		●	
A2	●		●	
A3	●		●	
A4	●		●	
A5	●		●	

附录 C　端口操作函数小结

　　用于对数字和模拟端口进行操作的 digitalRead、digitalWrite、analogRead、analogWrite、pinMode 函数是最为重要也是最为常用的功能，下表是对它们的功能和用法的总结。

命　令	值 的 范 围	适 用 端 口	用 法 说 明
digitalRead	HIGH/LOW 输入的取值范围是"高电平"（HIGH）或"低电平"（LOW）两种状态	所有端口	数字输入，用于读取开关型的数字传感器状态，比如微触开关传感器等
digitalWrite	HIGH/LOW 输出的取值范围是"高电平"（HIGH）或"低电平"（LOW）两种状态	所有端口	数字输出，用于控制开关型的驱动器，比如 LED 小灯、蜂鸣器等
analogRead	0～1023。输入模拟值的范围是 0～1023 的整数	A0～A5 端口	模拟输入，用于读取模拟传感器的值，比如光感传感器、地面灰度检测传感器等
analogWrite	0～255 输出值的范围是 0～255 的整数	标有 PWM 功能的端口	模拟输出，用于控制小灯的明暗、电机的转速等
pinMode	INPUT/OUTPUT	所有端口	一般在 setup 中调用，将某个端口设置为数字输入（INPUT）功能或者数字输出（OUTPUT）功能

附录 D 机器人教学通用评价量表

在机器人的教学中,评价是其中非常重要的环节。下面给出了一组机器人教学的通用评价量表,可供教师教学评测或学生自评使用。

（1）机械结构设计。

	☆	☆☆	☆☆☆	☆☆☆☆
机械设计	耐久性：结构完整性,承受比赛的能力			
	易碎	需要经常修复	较少的修复	不用修复
	机械效率：有效利用零部件,容易修复和调整			
	过多部件用于修复和调整	少量的部件和用于修复和调整	合理使用部件进行修复和调整	完美的使用部件用于修复和调整
	机械化：机器人的机械装置以适当速度、强度和准确度移动或完成预定目标的能力			
	完成任务过程中速度、强度和准确度严重失衡	完成任务过程中速度、强度和准确度有失衡	完成任务过程中有较好的速度、强度和准确度	完成任务过程中有完美的速度、强度和准确度

（2）机器人程序设计。

	☆	☆☆	☆☆☆	☆☆☆☆
程序设计	程序设计质量：程序应该适合任务目的,以及能一直实现预定结果,没有逻辑错误			
	不能完成目标和不能一直运行	成功率较低地完成预定目标	成功率较高地完成预定目标	每次都完成预定目标
	程序效率：程序应该模块化并流畅易懂			
	少量模块和难懂	模块不足和难以理解	适当的模块和易懂	流畅的模块和每个人都易懂
	自动化与导航：机器人的动力系统和传感器按照程序设计工作			
	机器人无法完成预定移动或活动	操作员频繁干预以完成预定移动或活动	机器人自动完成预定移动或活动,偶尔需要操作员干预	完全没有操作员干预,机器人自动完成预定移动或活动

（3）任务解决策略与创新。

	☆	☆☆	☆☆☆	☆☆☆☆
策略与创新	设计过程：具有开发和改进的能力，包括供选方案及其筛选过程、改进方案			
	没有设计与改进	有设计方案，没有改进过程	有较好的方案设计及改进过程	有很好的方案设计，有系统的改进过程
	任务策略：描述团队在比赛或任务中采取的策略			
	没有明确的完成任务的策略	有策略完成少量的任务目标	有清晰的策略来完成一部分任务目标	有完备的策略完成绝大部分任务目标
	创新：利于完成特定任务的创新性，包括新的、独一无二的或者没有预料到的因素（如设计、程序、战略或者应用）			
	非原创	原创的但不具有潜在价值或潜在应用	原创的且具有一定的潜在价值及应用	原创的且具有重要的价值及应用

附录 E BotBall 国际机器人大赛

BotBall 国际机器人大赛（www.botball.org）是由青少年国际竞赛与交流中心（www.itccc.org.cn）引进的高水平青少年机器人竞赛活动。

一、BotBall 简介

BotBall 国际机器人大赛是一项主要面向中学生的机器人工程挑战赛。在这项比赛中，学生们需要使用一套官方机器人套件，设计、制作和编程全自主机器人，完成每年由国际主办方发布的挑战赛任务。

BotBall 国际机器人大赛起源于美国麻省理工学院（MIT）的教育机器人活动。它最初作为本科学生的课程及竞赛活动出现，受到了 MIT 学生的普遍认同和欢迎。由于此项活动的教育特质明显，与美国所推行的 STEM（科学、技术、工程和数学）教育理念高度契合，自 1997 年起，BotBall 被推入初、高中教育阶段。经过 16 年的发展，现今此项竞赛已经成长为美国乃至国际上具有非凡影响力的青少年教育机器人活动。它的赛区覆盖了美国本土的大部分优秀学区，以及欧洲、亚洲的诸多区域。BotBall 的赞助者则是包括了美国国家航空航天局、iRobot 公司、美国海军实验室、俄克拉荷马大学等诸多在机器人和科技教育领域举足轻重的公司和机构。每年有超过 8000 名各国中学生参与这项比赛并从中获益。

中国教育国际交流协会青少年国际竞赛与交流中心是 BotBall 国际组委会在中国的唯一合作伙伴，负责组织中国赛区的竞赛与交流活动，并帮助和选拔中国队伍参加国际大赛。

二、特点

（1）面向中学生；
（2）工程挑战赛模式，由学生团队合作完成每年更新的机器人工程挑战任务；
（3）全自主机器人的设计、制作和编程，内容设置紧密联系科学教育标准；
（4）与全球优秀中学生交流。

三、器材

同其他机器人竞赛动辄需要投入十数万元添置各种器材相比，BotBall 国际机器人工程挑战赛的非营利特点，保证了它是一项令多数学生和学校都可以承担的机器人竞赛活动。它所使用的器材是国际标准机器人套件，包括所有比赛必需的机器人底盘、控制器、传感器、结构件和软件环境，这些软硬件设备由 iRobot 等大型机器人公司提供，保证了机器人器材的水准和质量。

BotBall 所使用的机器人控制器被 Robot 杂志评选为"全球性价比最高的小型机器人控制器"。

四、赛制

BotBall 是一项机器人工程挑战赛，每年年初，BotBall 国际组委会都会发布当年的主题任务。此任务是一个典型的工程问题，参赛队伍需要在有限时间和有限资源的支持下，给出自己的解决方案，以最好地完成任务。

BotBall 不仅是一项机器人竞赛，它还是一个贯穿始终的教育活动。学生们以团队形式参加，设计和制作机器人，完成项目管理文档、软件设计文档和机械设计文档等工程日志文档的在线提交，在现场比赛中则不仅需要完成机器人的场地比赛，同时还要在业界专业评委面前进行口头工程答辩。

在参加 BotBall 项目期间，学生们需要通过团队合作在项目管理、比赛策略、机器人设计、机械搭建、软件编程和文档编写方面进行深入的工作，期间其各项能力必然得到极大锻炼和提升。

附录 F　RoboRAVE 国际机器人大赛

RoboRAVE 国际机器人大赛（www. roboquerque. org）是由青少年国际竞赛与交流中心引入的国际机器人竞赛活动。与 BotBall 搭建一个极具挑战性的平台不同，RoboRAVE 的主旨是普及机器人教育，而这也是本书的主要目的。

一、RoboRAVE 简介

RoboRAVE 是一项由 Intel 公司主要赞助和支持的国际机器人竞赛，它在美国已有 11 年的历史，每年吸引数千名学生参加。RoboRAVE 因其易上手、教育性和趣味性强的特点，在近些年得到了迅速发展。目前，除美国本土学生外，哥伦比亚、墨西哥、捷克和印度的学生也已经参与其中，中国是其第 4 个海外分赛区。

在 RoboRAVE 竞赛中，学生需要以团队形式参赛，设计、搭建并用计算机编程控制全自主机器人完成比赛任务。探究式学习和基于项目式学习的优秀教育理念深深扎根于 RoboRAVE 比赛项目的基因中。在准备比赛的过程中，学生们的动手能力、科学素养、团队合作能力、项目和时间管理能力、语言表达能力均得到显著提升。

通过设置 RoboRAVE 机器人工程挑战赛，希望更多的中国青少年能够参与教育机器人活动，并在动手搭建、计算机编程、策略、项目管理、团队合作、文档写作、口头表达等能力上得到锻炼。

二、特点

（1）面向中小学生，项目更易上手；

（2）现场编程、搭建机器人参加比赛，使学生能力得到真正锻炼；

（3）通过参加国际竞赛增进交流，开阔视野。

三、器材

为了维护比赛的公平性和纯洁性，RoboRAVE 比赛项目要求进行现场搭建、现场编程，组委会选定基于 Arduino 开源硬件平台的机器人器材供各参赛队完成现场编程、搭建和比赛活动。

Arduino 平台（www. arduino. cc）是当今全世界最为流行的开源硬件平台，使用它进行机器人活动，可以令学生更深入地理解机器人技术，提高科技创新能力，并与未来学业进行衔接。

四、比赛内容

　　RoboRAVE 机器人大赛包括了机器人循线挑战赛、机器人灭火挑战赛、创新创意机器人比赛等项目。细心的读者会发现，在本书的内容中常可见到这几个比赛项目的"影子"。我们希望青少年读者们在学习了本书的内容后，能够对机器人产生兴趣，通过进一步的自主学习和努力，获得代表中国参加国际机器人大赛、赢取国际大奖的机会。可以预见，这些将对同学们的未来学业，甚至职业生涯都产生难以估量的正面影响。

附录 G 机器人机械安装指导手册

本手册将指导同学们进行小车平台的机械安装。

一、机器人主要配件

在动手之前,先来认识一下小车平台用到的一些主要配件。

(1) 机器人底盘如图 G-1 所示。

(2) 机器人上盖板如图 G-2 所示。

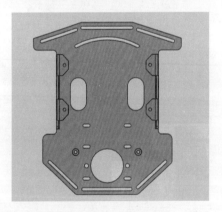

图 G-1

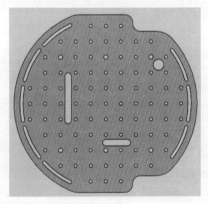

图 G-2

(3) 直流减速电机如图 G-3 所示。

(4) 橡胶轮胎如图 G-4 所示。

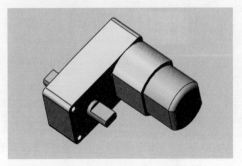

图 G-3

图 G-4

（5）牛眼轮（万向轮）如图 G-5 所示。

（6）5 号电池盒如图 G-6 所示。

图　G-5

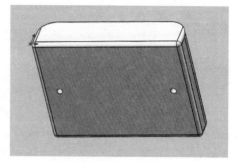
图　G-6

下面的任务就是把这些主要机械配件和主控制器、传感器等组装起来，成为本书中一直使用的机器人。

在安装之前，需要准备一些简单的必备工具，包括：

（1）十字螺丝刀一把（最好粗一点）；

（2）尖嘴钳一把。

二、安装减速电机

1. 材料清单（见表 G-1）

表 G-1　安装减速电机材料清单

零件标号	零件名称	数量	规格/备注
1	小车底盘	1	
2	减速电机	2	
3	M2.5 螺丝	4	长度为 25mm
4	M2.5 螺帽	4	

2. 安装步骤

（1）按照图 G-7 所示安装方法将一边的电机固定好。

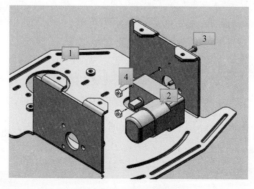
图　G-7

（2）采用同样方法对另一边的电机进行安装，如图 G-8 所示。

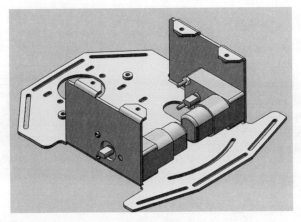

图 G-8

三、安装前轮

1. 材料清单(见表 G-2)

表 G-2　安装前轮材料清单

零件标号	零件名称	数量	规格/备注
1	牛眼轮	1	
2	M3 平头沉头螺丝	2	长度为 8mm
3	M3 螺帽	2	

2. 安装步骤

这一步安装需要用到螺丝刀和尖嘴钳，按照图 G-9 装配，用螺丝刀拧紧螺丝即可。安装完成后的示意图如图 G-10 所示。

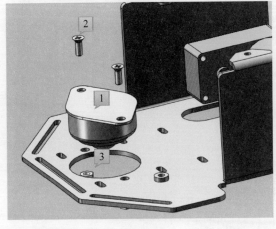

图 G-9

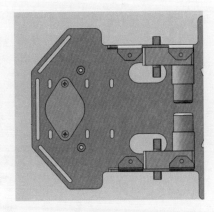

图 G-10

四、安装电池盒

1. 材料清单(见表 G-3)

表 G-3　安装电池盒材料清单

零件标号	零 件 名 称	数 量	规格/备注
1	电池盒	1	
2	M3 平头螺丝	2	长度为 8mm

2. 安装步骤

这一步很简单,只需按照图 G-11 指示的螺丝孔,将螺丝拧到位即可。

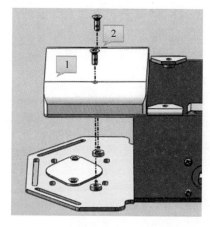

图　G-11

注意:一定要采用平头螺丝。如果错误的选用了圆头带帽螺丝,安装后会发现螺丝帽将突出电池盒底部几个毫米。这样,当装电池时会遇到麻烦,导致无法将电池安装到位。

完成这一步后,下底盘的安装工作就已经完成大部分了。

五、安装控制器固定尼龙柱

1. 材料清单(见表 G-4)

表 G-4　安装控制器固定尼龙柱材料清单

零件标号	零 件 名 称	数 量	规格/备注
1	上盖板	1	
2	M3 圆头带帽螺丝	4	长度为 8mm
3	10mm 尼龙柱	4	长度为 10mm

2. 安装步骤

在图 G-12(a)所示的位置放入 M3 圆头带帽螺丝。然后,在另一面使用 10mm 的尼龙柱与之固定即可(如图 G-12(b)所示)。

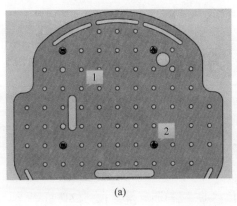

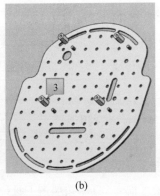

(a)　　　　　　　　　　　　　　(b)

图　G-12

六、上盖板与底盘配合

1. 材料清单(见表 G-5)

表 G-5　上盖板与底盘配合材料清单

零件标号	零件名称	数　量	规格/备注
1	底盘	1	
2	上盖板	1	
3	M3 圆头带帽螺丝	4	长度为 6mm
4	M3 螺丝	4	

2. 安装步骤

将底盘与装好尼龙柱的上盖板,用固定螺丝进行如图 G-13 所示装配固定。
安装好的上盖板和底盘如图 G-14 所示。

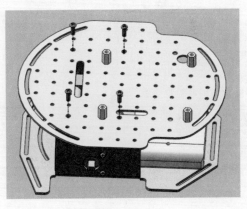

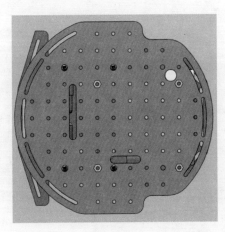

图　G-13　　　　　　　　　　　　图　G-14

七、安装主控制器

1. 材料清单(见表 G-6)

表 G-6　安装主控制器材料清单

零件标号	零 件 名 称	数　量	规格/备注
1	小车平台	1	
2	控制器	1	
3	M3 圆头带帽螺丝	4	长度为 6mm

2. 安装步骤

用尼龙柱将主控制器固定在上盖板上,如图 G-15 所示。

安装好主控制器的机器人如图 G-16 所示。

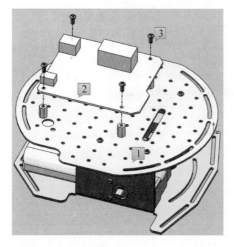

图　G-15

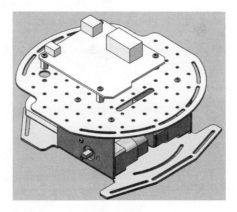

图　G-16

注意：机器人的上盖板是用金属制成的,它可以导电。如果将主控制器或传感器的电路直接放到金属材料上,可能会有短路从而烧毁电路的危险。所以一定要用尼龙柱将主控制器与上盖板隔离开。

八、安装轮胎

安装轮胎很简单,只要将凹槽与电机轴对好,轻轻推压进去即可,如图 G-17 所示。

安装好的主控制器和机器人主体如图 G-18 所示。

九、安装地面灰度传感器

除了机器人的主体,还要为它安装一些配件和传感器,以便于完成各种任务。下面安装用于完成巡线任务的传感器。

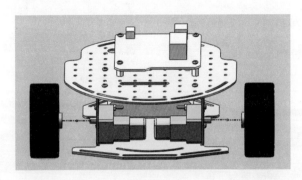

图 G-17

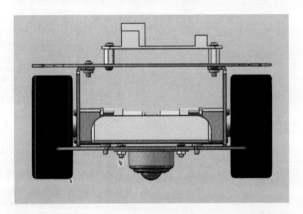

图 G-18

1. 材料清单(表 G-7)

表 G-7 安装地面灰度传感器材料清单

零件标号	零 件 名 称	数 量	规格/备注
1	灰度支架	1	
2	灰度传感器	5	
3	M3 圆头带帽螺丝	7	长度为 8mm
4	M3 螺丝	7	

2. 安装步骤

为了让机器人跑得又快又好,有必要多装几个灰度传感器。使用灰度传感器支架,可以很方便地加装灰度传感器。如果使用时觉得传感器间距不够,还可以横向调节间距。

按照图 G-19 所示安装灰度传感器支架。

安装好的灰度传感器支架和灰度传感器如图 G-20 所示。

也可以按图 G-21,把灰度支架安装在机器人的另一面。

至此,机器人安装工作就已经完成了。现在同学们可以将电机线与主控制器连好,然后为机器人安上电池。最后,打开 Arduino 的编程环境,写段代码开始测试。

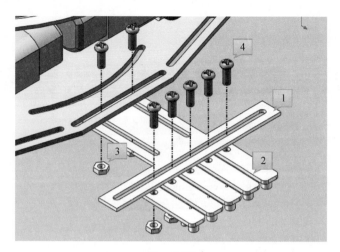

图　G-19

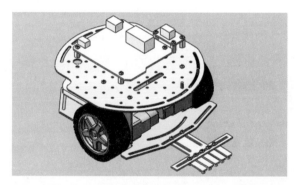

图　G-20

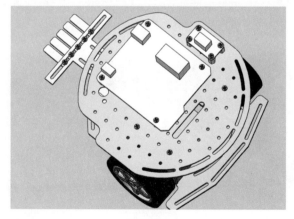

图　G-21

附录 H 安装机器人灭火套装

本附录将分步讲解如何在已经安装好的机器人平台上加装灭火套装。需要安装的主要器件包括电机、风扇、多通道复眼传感器、继电器等。

一、安装风扇电机支架

1. 材料清单(见表 H-1)

表 H-1 安装风扇电机支架材料清单

零件标号	零件名称	数量	规格/备注
1	40mm 铜柱	1	
2	M3 圆头带帽螺丝	2	长度为 10mm
3	单头铜柱	4	长度为 25mm
4	电机固定板	1	
5	风扇电机	1	

2. 安装步骤

首先在机器人上盖板上安装铜柱如图 H-1(a)所示。接着,安装电机支架和电机,如图 H-1(b)所示。

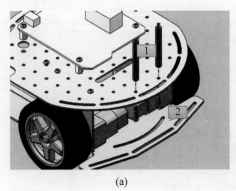

(a)

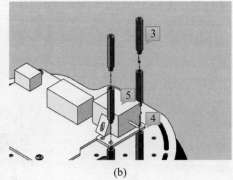

(b)

图 H-1

二、安装复眼传感器和风扇

1. 材料清单(见表 H-2)

表 H-2　安装复眼传感器和风扇材料清单

零件标号	零件名称	数　量	规格/备注
1	5 通道复眼传感器	1	长度为 25mm
2	M3 圆头带帽螺丝	2	
3	风扇	1	

2. 安装步骤

安装风扇扇叶和复眼传感器的步骤如图 H-2 所示。

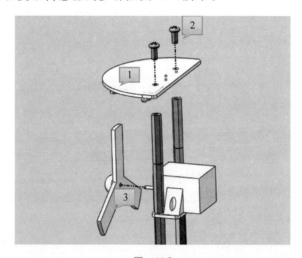

图　H-2

安装完成的机器人如图 H-3 所示。

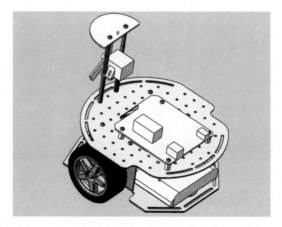

图　H-3

三、安装继电器模块

1. 材料清单(见表 H-3)

表 H-3　安装继电器模块材料清单

零件标号	零件名称	数量	规格/备注
1	继电器模块	1	长度为 25mm
2	M3 圆头带帽螺丝	8	长度为 6mm
3	六角尼龙柱	4	长度为 10mm

2. 安装步骤

可以根据实际情况,在上盖板上选择一个合适的位置安装继电器。先安装好固定用尼龙柱,然后将继电器模块放上去,用螺丝旋紧即可。具体步骤如图 H-4 所示。

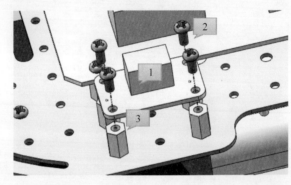

图　H-4

装好后的机器人效果如图 H-5 所示。

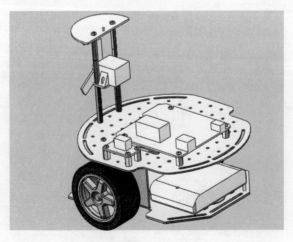

图　H-5

四、安装红外避障传感器

1. 材料清单(见表 H-4)

表 H-4   安装红外避障传感器材料清单

零件标号	零件名称	数 量	规格/备注
1	红外避障传感器	2/3	长度为 25mm
2	M3 圆头带帽螺丝	4	长度为 6mm
3	六角尼龙柱	2	长度为 10mm

2. 安装步骤

机器人上盖板外圈预留了传感器安装孔,可以方便地安装各种传感器。下面为机器人安装红外避障传感器。为了方便角度调节,在每个传感器上只装一个固定螺丝即可,如图 H-6 所示。

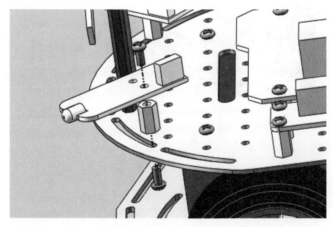

图   H-6

装好红外避障传感器的机器人如图 H-7 所示。

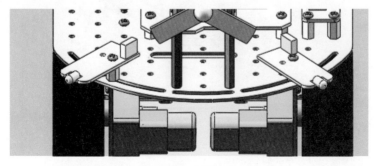

图   H-7

五、安装地面灰度传感器

1. 材料清单(见表 H-5)

表 H-5　安装地面灰度传感器材料清单

零件标号	零件名称	数量	规格/备注
1	地面灰度传感器	2	
2	M3 圆头带帽螺丝	2	长度为 8mm

2. 安装步骤

机器人的底板边缘预留了地面灰度安装孔,可以很方便地安装地面灰度传感器,按图 H-8 安装即可。

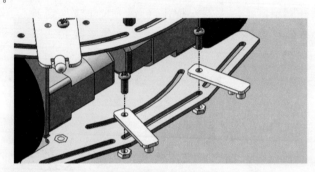

图　H-8

至此,可以完成灭火任务的机器人就组装完毕了,如图 H-9 所示。

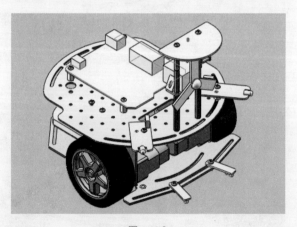

图　H-9

参 考 文 献

[1] 孙增圻.机器人智能控制[M].太原：山西教育出版社,1995.

[2] [美]班兹.爱上 Arduino[M].于欣龙,郭浩赟译.北京：人民邮电出版社,2011.

[3] [美]Simon Monk.Arduino＋Android 互动智作[M].唐乐译.北京：科学出版社,2013.

[4] 北京市教育委员会,北京师范大学科学传播与教育研究中心组织.走近机器人[M].北京：北京师范
大学出版社,2009.

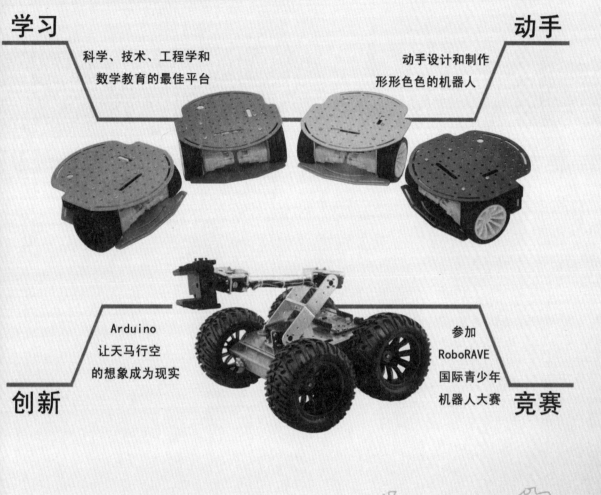

RoboRAVE
International
Robotics Education and Competition

ITCCC

青少年国际竞赛与交流中心
International Teenager Competition and Communication Center

学习
科学、技术、工程学和
数学教育的最佳平台

动手
动手设计和制作
形形色色的机器人

创新
Arduino
让天马行空
的想象成为现实

竞赛
参加
RoboRAVE
国际青少年
机器人大赛

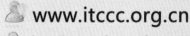
www.itccc.org.cn

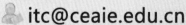
itc@ceaie.edu.cn

中国教育国际交流协会

青少年国际竞赛与交流中心